中华精神家园
衣食天下

凤冠霞帔

佩饰艺术与文化内涵

肖东发 主编 钟双德 编著

中国出版集团
现代出版社

图书在版编目（CIP）数据

凤冠霞帔 / 钟双德编著. — 北京：现代出版社，2014.11（2019.1重印）
（中华精神家园书系）
ISBN 978-7-5143-3046-5

Ⅰ. ①凤… Ⅱ. ①钟… Ⅲ. ①服饰文化－介绍－中国－古代 Ⅳ. ①TS941.742.2

中国版本图书馆CIP数据核字(2014)第244651号

凤冠霞帔：佩饰艺术与文化内涵

主　　编：	肖东发
作　　者：	钟双德
责任编辑：	王敬一
出版发行：	现代出版社
通信地址：	北京市定安门外安华里504号
邮政编码：	100011
电　　话：	010-64267325　64245264（传真）
网　　址：	www.1980xd.com
电子邮箱：	xiandai@cnpitc.com.cn
印　　刷：	北京密兴印刷有限公司
开　　本：	710mm×1000mm　1/16
印　　张：	11
版　　次：	2015年4月第1版　2019年1月第2次印刷
书　　号：	ISBN 978-7-5143-3046-5
定　　价：	40.00元

版权所有，翻印必究；未经许可，不得转载

党的十八大报告指出："文化是民族的血脉,是人民的精神家园。全面建成小康社会,实现中华民族伟大复兴,必须推动社会主义文化大发展大繁荣,兴起社会主义文化建设新高潮,提高国家文化软实力,发挥文化引领风尚、教育人民、服务社会、推动发展的作用。"

　　我国经过改革开放的历程,推进了民族振兴、国家富强、人民幸福的中国梦,推进了伟大复兴的历史进程。文化是立国之根,实现中国梦也是我国文化实现伟大复兴的过程,并最终体现为文化的发展繁荣。习近平指出,博大精深的中国优秀传统文化是我们在世界文化激荡中站稳脚跟的根基。中华文化源远流长,积淀着中华民族最深层的精神追求,代表着中华民族独特的精神标识,为中华民族生生不息、发展壮大提供了丰厚滋养。我们要认识中华文化的独特创造、价值理念、鲜明特色,增强文化自信和价值自信。

　　如今,我们正处在改革开放攻坚和经济发展的转型时期,面对世界各国形形色色的文化现象,面对各种眼花缭乱的现代传媒,我们要坚持文化自信,古为今用、洋为中用、推陈出新,有鉴别地加以对待,有扬弃地予以继承,传承和升华中华优秀传统文化,发展中国特色社会主义文化,增强国家文化软实力。

　　浩浩历史长河,熊熊文明薪火,中华文化源远流长,滚滚黄河、滔滔长江,是最直接的源头,这两大文化浪涛经过千百年冲刷洗礼和不断交流、融合以及沉淀,最终形成了求同存异、兼收并蓄的辉煌灿烂的中华文明,也是世界上唯一绵延不绝而从没中断的古老文化,并始终充满了生机与活力。

　　中华文化曾是东方文化摇篮,也是推动世界文明不断前行的动力之一。早在500年前,中华文化的四大发明催生了欧洲文艺复兴运动和地理大发现。中国四大发明先后传到西方,对于促进西方工业社会的形成和发展,曾起到了重要作用。

中华文化的力量，已经深深熔铸到我们的生命力、创造力和凝聚力中，是我们民族的基因。中华民族的精神，也已深深植根于绵延数千年的优秀文化传统之中，是我们的精神家园。

总之，中华文化博大精深，是中国各族人民五千年来创造、传承下来的物质文明和精神文明的总和，其内容包罗万象，浩若星汉，具有很强的文化纵深，蕴含丰富宝藏。我们要实现中华文化伟大复兴，首先要站在传统文化前沿，薪火相传，一脉相承，弘扬和发展五千年来优秀的、光明的、先进的、科学的、文明的和自豪的文化现象，融合古今中外一切文化精华，构建具有中国特色的现代民族文化，向世界和未来展示中华民族的文化力量、文化价值、文化形态与文化风采。

为此，在有关专家指导下，我们收集整理了大量古今资料和最新研究成果，特别编撰了本套大型书系。主要包括独具特色的语言文字、浩如烟海的文化典籍、名扬世界的科技工艺、异彩纷呈的文学艺术、充满智慧的中国哲学、完备而深刻的伦理道德、古风古韵的建筑遗存、深具内涵的自然名胜、悠久传承的历史文明，还有各具特色又相互交融的地域文化和民族文化等，充分显示了中华民族的厚重文化底蕴和强大民族凝聚力，具有极强的系统性、广博性和规模性。

本套书系的特点是全景展现，纵横捭阖，内容采取讲故事的方式进行叙述，语言通俗，明白晓畅，图文并茂，形象直观，古风古韵，格调高雅，具有很强的可读性、欣赏性、知识性和延伸性，能够让广大读者全面接触和感受中国文化的丰富内涵，增强中华儿女民族自尊心和文化自豪感，并能很好继承和弘扬中国文化，创造未来中国特色的先进民族文化。

2014年4月18日

佩饰渊源——饰物出现

我国远古佩饰的出现	002
黄帝确立服饰的制度	009
夏商周时期的章服	014
商周时期的佩饰艺术	022
春秋战国时的饰物	030

发展潮流——不断丰富

040　秦汉时的服色与佩饰
047　秦汉时的发型与发饰
058　秦汉时期的化妆技术
063　魏晋南北朝服饰纹样
068　魏晋南北朝女子发型
074　魏晋南北朝时的首饰
080　魏晋南北朝时的化妆
086　隋唐时期的服饰纹样
092　隋唐时期的首饰佩饰
101　唐代女子的富丽妆容
107　唐代妇女的发型式样

千变万化——兼融天下

- 114 两宋时期的服饰纹样
- 118 宋代女子发型与妆容
- 125 辽金西夏的服饰纹样
- 129 元代服饰纹样与佩饰
- 134 元代男女的丰富头饰

时尚追求——华彩浓妆

- 明代灵活的服饰纹样 140
- 明代的全民佩玉习俗 144
- 明代妇女发式与发饰 148
- 清代独特的服饰图案 152
- 清代后妃饰物与妆容 156

佩饰渊源

饰物出现

我国古代先民在旧石器时代，就将贝壳、玉石、兽骨以及果核等物串在一起佩戴在身上，他们相信这些东西能够辟邪，有些作为财富的象征，还有一些作为随身携带的工具。原始佩饰艺术的萌芽，表明人们已注意到人体整体的装饰美。

我国上古黄帝时期，不仅有上衣下裳之制，还有衣饰、头饰、鞋饰等的规定。夏商周时期定制的"十二章"纹样具有开创意义，而春秋战国时期佩饰艺术的礼教、等级及工艺都发展到了一个新的阶段。此时对美的追求，使我国古代服饰及制度逐步形成并流传下来。

我国远古佩饰的出现

山顶洞人佩戴项饰

我国古代的佩饰行为始于旧石器时期，当时的人们将许多小物件佩戴在身上，其材料主要为石英石、砾石、石墨、玛瑙、黑曜石，还有兽牙和蚌壳等其他材质。

原始人类从头部到颈部、胸部、手部都有佩饰，表明当时的人们已注意到人体整体的装饰美，反映了当时人们对美的追求与渴望。距今约1.8万年前的旧石器时期晚期的山顶洞人，已经学会用骨针缝制兽皮的衣服，并用兽牙、骨管、石珠等作为饰品装扮自己。

在山顶洞人遗址曾发现穿孔的兽牙125枚，以獾的犬齿为多，狐狸的犬齿次之，并有鹿、狸、艾鼬的牙齿和一枚虎牙，均在牙根一端用尖状器刮削成孔，出土时，发现有5枚穿孔的兽牙是排列成半圆形的，显然是原来穿在一起的串饰。另有骨管、带孔蚌壳、青鱼上眼耳、砾石、石珠10余枚，其小孔是从两面对钻的，这是钻孔技术发展到一定水平的标志。

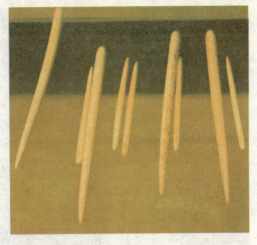

■ 古代骨针

在山顶洞出土了一枚磨得细长，一端尖锐，另一端有直径1毫米的针孔的骨针，针长82毫米，针粗直径3.1毫米至3.3毫米，这是缝制兽皮衣服的工具。缝线可能是用动物韧带劈开的丝筋，我国鄂伦春族人还保留着这种古老的缝制方法。

后来考古发现，山顶洞人所佩戴饰品的穿孔边沿，几乎都带有红色附着物，似乎他们将所穿戴饰物都经过赤铁矿的研磨粉染过。山顶洞人不仅关心现实生活的美，而且逐渐懂得表达对死者的关怀，他们将死去的亲人加以埋葬并举行仪式，还在死者身边撒下红色赤铁矿粉末，表示祭祀或标记。

红色在原始人意识中是血液的象征，失去血液便失去生命，使用红色有祈求再生之意，说明原始人的

旧石器时期（约300万年—约1万年），以使用打制石器为标志的人类物质文化发展阶段。中华文明的萌动，从170万年以前的元谋猿人就已经开始了。考古发现证明，元谋人使用石器捕猎，确证了我国古人类的历史起源和存在。

■ 原始古玉

新石器时期 在考古学上属于石器时代的最后一个阶段,以使用磨制石器为标志的人类物质文化发展阶段。属于石器时代的后期,年代大约从1.8万年前开始,结束时间在公元前5000多年至2000多年不等。我国大约在公元前1万年就已进入新石器时期。

色彩观念是和原始宗教观念交织在一起的。

我国原始民族这种爱美的观念,贯穿于当时人们的整个生活之中。到了距今大约5000年前的新石器时期,人类社会正处于文明起源阶段,而人类萌发审美意识,是人类文明史上的一次飞跃。

这一时期,人们的佩饰更加丰富,形式已不限于项链、腰饰等,还出现了笄、梳篦、指环、玉玦、手链等。佩饰的材质也相当丰富,仅出土的梳篦的材质就有骨、石、玉、牙等。

另外还出现了一种极具特色的佩饰,被称为"带钩"。带钩就是腰带的挂钩,最初多用玉制成,发展到春秋战国时期最为盛行,材料也更加丰富。

我国古代佩饰主要分为两大类:其一,固定的佩饰。即直接在人的皮肤上刺绘纹饰,或人为地使局部肌肉结疤及人体局部变形、缺损等人体佩饰形式,如绘身、文身和割痕、烫痕和拔牙等。

其二，不固定的佩饰。即指一切人体上穿戴、佩带或附着于人体上的经过加工的佩饰品。如在人体上佩带各种材质的带饰、条饰以及环饰等。

绘身，即绘画身体以为佩饰，这种风俗极为常见。绘身的主要颜色是红色，因为红色似乎特别为原始民族所喜爱。

在西安半坡仰韶文化遗址中出土的两件彩陶盆底所绘的人面鱼纹，二者面部均绘有彩纹，局部涂彩，位置又同是人面的颊部和额头，颊部图案也相同，唯有额部图案有差异，前者中间留倒三角形空白，后者左上角留月牙形空白。

又如宝鸡北首岭仰韶文化遗址出土的一件施红彩的彩塑人头像和辽宁牛河梁红山文化女神庙遗址出土的一件施红彩的彩塑人头像等，都证明史前人类有着

> **仰韶文化** 黄河中游地区重要的新石器时代文化。因1921年在河南三门峡渑池仰韶村被发现，故被命名为仰韶文化。仰韶文化以河南为中心，东起山东，西至甘肃、青海，北到内蒙古长城一线，南抵江汉。当前在我国已发现上千处仰韶文化的遗址。

■ 原始人面鱼纹图

涂朱或绘面的风俗。

因为身体上的绘画容易褪色,所以就产生两种方法能够使纹饰永久性地保留在身上,这就是文身和割痕。

文身的方法是用带尖锋的工具点刺皮肤,使其成为连续的点状图案,然后将所需染料渲染在点状团内,待炎症过后,显出的纹样便不再褪落。

在安徽蚌埠双墩新石器时期中期遗址出土了一件模拟男童塑造的陶塑纹面人头像,额头正中用小圆头器物戳印"一"字形排列的5个小酒窝,左右对称,以表示纹面,其年代与西安半坡仰韶文化遗存的年代相当。证明早在新石器时期我国已有文面的风俗。

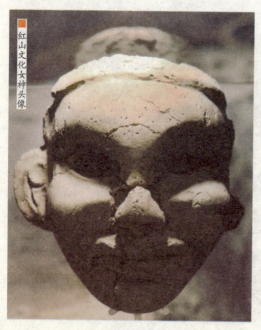

红山文化女神头像

古代文献中也有大量对文身的记载,例如《汉书·西南夷传》中就记载西南地区少数民族"刻画其身,像龙纹"。《隋书·东夷传》载台湾的"妇人以墨黥手,为虫蛇

■ 原始骨笄

之纹"。而在后来一些民族中，文身屡见不鲜。

有意识地拔掉侧门牙、犬牙或中门牙，人为造成缺损，也是人体佩饰的一种。在我国发现有拔牙习俗的原始文化及遗址有许多处。

有资料表明，拔牙习俗最早产生并流行于大汶口文化时期，最盛行的当数黄河下游的鲁南、苏北一带，直至近代，拔牙之俗还保留在云贵川地区的某些少数民族当中。

至于人体上的不固定佩饰，在我国史前各类文化遗址中多有发现。从材料上看，有石、绿松石、玉、玛瑙、牙、蚌、骨、陶等；从种类上看，有环、珠、坠、串、笄等，其数量更是不胜其数；从佩饰的部位来分有头饰、颈饰、肢体饰等。

我国新石器时期文化遗址中有大量头饰出土，头饰包括头发、额部和耳垂的佩饰。梳妆用品发现有梳、笄、约法器等，说明当时人们已不再是披头散发了，而是采用梳子梳理，并用笄或约发器束成一定的发型，额部套上头串饰，耳悬耳坠。

史前人类的发饰是多种多样的。元君庙仰韶文化墓地出土的笄，大都位于妇女头顶，长达二三十厘

马家窑文化 1923年发现于甘肃省临洮县的马家窑村，故名。马家窑文化是仰韶文化向西发展的一种地方类型，出现于距今5700多年的新石器时间晚期，有石岭下、马家窑、半山、马厂等4个类型。主要分布于黄河上游地区及甘肃、青海境内的洮河、大夏河及湟水流域。

大汶口文化 属于新石器时代文化，因在山东泰安大汶口遗址而得名。分布地区东至黄海之滨，西至鲁西平原东部，北达渤海南岸，南到江苏淮北一带。另外，该文化类型的遗址在河南和皖北亦有发现。大汶口文化年代距今约6300至4500年。

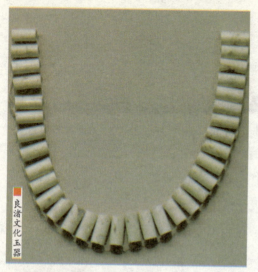

良渚文化玉器

米；在青海大通县孙家寨马家窑文化出土的彩陶盆内壁所绘人物的脑后都有一束发状物。

颈饰的饰物可谓最多。上海青浦福泉山良渚文化墓地2号墓主的胸部，发现了1串由47颗玉珠、6件玉锥形坠和2件玉管串连而成的项饰；北阴阳营遗址发现人骨颏下有玉璜或玛瑙的项饰。

肢体饰即臂与腿的佩饰，它类似于颈饰。原始人所佩带的环带等饰物很多，手腕、脚腕上特别丰富，腰部也多系带，以为佩饰。

我国古代佩饰艺术如同无声的语言，默默地告诉我们，当时的人们是如何在简陋的生活条件下顽强地追求美、塑造美的。古代先民的这种对美的渴望与追求，使人们既改变了自己，又美化了生活，从而一步步地迈向文明社会。

阅读链接

当地球经过最后一次严寒的冰期，也就是大理冰期之后，迎来了全新世冰后期温暖的气候环境，中华祖先继承了漫长的旧石器时代积累的经验，进入了农耕畜牧阶段，改变了被动向大自然觅取食物为主动生产；养殖生活资源。

当时，人们建造房屋，改变穴居方式。男子出外狩猎，打制石器，琢玉；女子从事采集、制陶，发明纺麻、养蚕缫丝、纺织毛、麻、丝布以及缝制衣服。改变了原始的裸态生活，进一步为戴冠衣裳、佩戴首饰的文明启蒙阶段。

黄帝确立服饰的制度

黄帝生活在新石器时期,是当时的氏族部落首领。在同其他部落的战争中,黄帝打了很多胜仗,并统一了很多部族,于是取得了领导的地位。

黄帝巡猎艺术画

> **於则** 则,是黄帝的裔孙,发明家。发明了用麻编织的鞋子,结束了人们光着脚走路的历史,因功被封于於,即现在的河南内乡县,所以被称为於则。於则的子孙后代以封地为姓,称为於氏。通常认为,於则是於姓的始祖。

当时,黄帝看到人们衣着不堪,既不雅观,也因衣不蔽体而饱受寒冬酷暑的折磨,就教人们把裹身的兽皮麻葛分成上、下两部分,上身为"衣",缝制袖筒,呈前开式,下身为"裳",前后各围一片,起遮蔽之用。同时确定,黑中带红的玄色为上衣的颜色,黄色为下裳的颜色。

黄帝不仅开创了"上衣下裳"的服装形制,还发明了鞋帽及其饰品。

有一年冬天,黄帝派大臣胡巢和於则两人进山打猎。在山林里,猎人们个个腰缠兽皮,赤脚露头,每天在山林里和野兽搏斗,获得了大量的猎物。在他们准备返回的时候,气候突然变得更加寒冷起来,尽管他们燃起熊熊篝火,但是仍然抵挡不住严寒的侵袭。

由于天气酷寒,胡巢带领的50多名打猎的同伴儿,在一夜之间,就有20多人把耳朵冻掉。於则带

■ 古代狩猎场景

领的30多人，有一半人把双脚冻烂，无法行动。

在一望无际的深山野林里，怎样才能避免更多人被冻伤呢？胡巢正为此着急时，发现眼前的一片树林里，树杈上架着不少鸟窝，冬天来临后，鸟儿又飞到温暖的地方去了，现在树杈上的鸟窝都是空的。

胡巢随手拿起一块石头，看准树上的一个鸟窝用力甩去，一下子就把鸟窝打下来了。他拾起来仔细看了看，又用手在鸟窝里外摸了摸，发现鸟窝虽然是用细草和动物毛发织成的，既绵软，又暖和。他随手就给身边一个冻掉耳朵的人戴在头上。

■ 黄帝塑像

周围其他人看到后，也纷纷上树去摘鸟窝，不大工夫，人人头上都戴上了鸟窝，这样，再也不会冻掉耳朵了。

於则带领的另一路打猎队伍，遇到了大风雪。他们光着脚行走在深雪里，已经冻得麻木，不能继续前进了。於则坐在一棵大树下，心急如焚，他自己两只脚也冻得快要失去知觉了。为了活动取暖，於则两只脚不停地往一棵大树上蹬。

不知蹬了多长时间，於则感到自己的脚似乎蹬进树身里了，开始他还不相信，人的脚怎么能蹬进树身里呢？但他仔细一看，用手摸了摸才发现，原来这棵树的树芯非常绵软，只是外面包着一层硬皮。

于是，於则灵机一动，马上动员大家一齐动手，把这树砍倒，截

■ 古代木鞋

成二尺长的短节，每人根据自己脚的大小，用刀将内部掏空，再往里边塞些干草，穿在脚上，既松软，又暖和。走起路来虽然有些不便，但是毕竟比光着脚在雪里行走要好多了。

不到半天时间，30多名打猎人脚上都穿上了这种用软木做的木屐。他们再也不怕在冰天雪地里冻坏双脚了。

当胡巢和於则带领的两支打猎队伍抬着各种猎物回来的时候，黄帝亲自带领臣民远道迎接。

人们发现打猎回来的人，有的头戴鸟窝，有的脚穿木屐，腰缠兽皮，显得格外威武，连黄帝也觉得很奇怪。胡巢和於则就把他们进山的经过一一向黄帝作了汇报。

黄帝听后，大加赞扬，决定给胡巢和於则各记一功，命仓颉给他们刻字留名。黄帝命令把头上戴的鸟

仓颉 史皇氏，陕西渭南白水人。据我国古代汉字工具书《说文解字》记载：仓颉是黄帝时期造字的史官，被尊为"造字圣人"，被后人尊为中华文字始祖，但普遍认为汉字由仓颉一人创造只是传说，他可能是汉字的整理者。文字一出，人类从此由蛮荒岁月转向文明生活。

窝叫"帽子"，把脚上穿的木屐叫"鞋"。

据史籍《尚书大传·略说》记载："黄帝始制冠冕。"为了让臣民人人头上都有帽子戴，个个脚上都有鞋穿，黄帝将帽子和鞋进行改进，进一步推广，并为其定下制度。

随着社会的不断发展，黄帝不仅确立服饰之制，命名帽子和鞋等人们生活的必需品，还包括很多当时人们不以为然的饰品，并且发挥着异乎寻常的作用。比如先秦时期史官修撰的《世本》中说："黄帝作冕，垂旒，目不邪视也；充纩，耳不听逸言也。"意思是说，黄帝制定冠冕制，在冠冕的前后垂有用丝绳系的玉串，让双眼不要看邪恶的事物；在冠冕两旁塞以麻缕丝絮作为饰物，让两耳不要听谗言和不义的话。

黄帝在冠冕上增加这些佩饰，既是在警示君王要眼睛明察秋毫、耳朵善纳谏言，也用以区别人的尊卑，同时表达了追求美的愿望。

从那时起，服饰就发挥着保护和装饰人体等功能。黄帝对衣饰、头饰、鞋饰的规定，不仅象征性地体现了古代先民的等级以及审美观念，而且使人们的服饰比以前大为改观，增强了服饰的实用性。从此以后，人类服饰及其制度就发展起来了。

阅读链接

黄帝少年时思维敏捷，成年后聪明坚毅。当时蚩尤暴虐无道，兼并诸侯，酋长们互相攻击，战乱不已。炎帝无可奈何，求助于黄帝。黄帝毅然肩负起安定天下的责任，在涿鹿打败蚩尤，被诸侯尊为天子，取代炎帝，成为天下的共主。因有土德之瑞，故称为黄帝。

黄帝在生产生活方面有许多发明创造。其中在缝织方面，发明了机杼，进行纺织，制作衣裳、鞋帽、帐幄、毡、衮衣、裘、华盖、盔甲、旗、胄等，并开启了我国服饰制度的先河。

夏商周时期的章服

名相伊尹朝服塑像

黄帝确立的服饰制度，到了夏商周时期有了进一步的发展，主要特点是在服装上绘绣纹饰，以服饰象征王权和等级。同时，鞋帽佩饰和戎服佩饰也日益丰富。

在奴隶社会把国王称作"天子"，是奴隶制国家最高的统帅，这时的章服之制，也是以国王的冕服为中心的。

据史载，夏王禹平时生活节俭，但在祭祀时，则穿华美的礼服黼冕，以表示对神的崇敬。商代的伊尹曾经戴着礼帽，穿着礼服，迎接嗣王太甲回到亳都。这两个故事都反映了当时

■ 周代朝服

奴隶主贵族穿着冕服举行重大仪式的场景。

周代服制是在继承前代传统的基础上又有了变革和发展，确立了章服制度，在纹饰上最重要的是国王衮服上面的"十二章"纹样，它包括日、月、星辰、山川、龙、华虫、藻、火、粉、米、黼和黻12种自然万物之精华以及先民创造的图腾龙和米等生活用品。

十二章纹样的题材早已有之，原始社会的人们就观察到：日、月、星辰预示气象的变化；山能提供生活资源；弓和斧是劳动生产的工具；火改变了人类的生活方式；粉米是农业耕作的果实；虎、猴、华虫即红腹锦鸡是原始人狩猎活动接触的对象；龙是我国许多原始氏族崇拜的图腾对象；黼和黻是垂在身前的长方形织物。

比如，我国原始彩陶文化中，日纹、星纹、日月山组合纹、火纹、粮食纹、鸟纹、蟠龙纹、弓形纹、

衮服 是皇帝在祭天地、宗庙及正旦、冬至、圣节等重大庆典活动时穿用的礼服。我国传统的衮衣主体分上衣与下裳两部分，衣裳以龙、日、月、星辰、山、华虫、宗彝、藻、火、粉米、黼、黻十二章纹为饰，另有蔽膝、革带、大带、绶等配饰。

祭祀 是华夏礼典的一部分，更是儒教礼仪中最重要的部分，礼有五经，莫重于祭，是以事神致福。祭祀对象分为三类：天神、地祇、人鬼。天神称祀，地祇称祭，宗庙称享。祭祀的法则详细记载于儒教圣经《周礼》、《礼记》中，并有《礼记正义》、《大学衍义补》等书进行解释。

斧纹、水藻纹等，就是最好的证明。

到了奴隶社会，由于奴隶主阶级支配着生产资料，也就支配着意识形态。十二章题材被天子用作象征权威的标志，成为王权的标志。

周代国王在举行各种祭祀活动时，要根据典礼的轻重，分别穿6种不同格式的冕服，总称"六冕"。冕服就是由冕冠和礼服配成的服装，冕服的服饰各有不同。

大裘冕是王祭祀昊天上帝的礼服，上衣绘日、月、星辰、山、龙、华虫6章纹饰，下裳绣藻、火、粉米、宗彝、黼、黻6章纹饰纹，共12章。

衮冕是古时候的王之吉服，上衣绘龙、山、华虫、火、宗彝5章纹饰，下裳绣藻、粉米、黼、黻4章纹饰，共9章。

鷩冕是王祭祀先公与飨射的礼服，上衣绘华虫、火、宗彝3章纹饰，下裳绣藻、粉米、黼、黻4章纹饰，共7章。

毳冕是王祭祀四望山川的礼服，上衣绘宗彝、藻、粉米3章纹饰，下裳绣黼、黻2章纹饰，共5章。

希冕是王祭祀社稷先王的礼服，上衣绣粉米1章纹饰，下裳绣黼、黻2章纹饰，共3章。希是绣的意思，故上

■ 周代女子服装

■ 古代冕冠

下均用绣。

玄冕是王祭祀群小也就是林泽四方百物的礼服，上衣不加章饰，下裳绣黻1章纹饰。

除了十二章纹饰，冕冠佩饰也有了很大的变化。周天子的冕冠前后悬有木质延板，上涂玄色，象征天，下涂纁色，象征地。前后冕板各悬12旒，每旒贯12块五彩玉，按朱、白、苍、黄、玄的顺次排列，每块玉相间距离各1寸，每旒长12寸。用五彩丝绳为藻，以藻穿玉，以玉饰藻，故称"玉藻"，象征着五行生克及岁月运转。后来玉藻也有用白珠来做的。

冕冠的旒数按典礼轻重和服用者的身份而有区别。按典礼轻重来分：大裘冕和天子吉服的衮冕用12旒，每旒贯玉12颗；鷩冕用9旒，每旒贯玉9颗；毳冕用7旒，每旒贯玉7颗；希冕用5旒，每旒贯玉5颗；玄冕用3旒，每旒贯玉3颗。

按服用者的身份地位分，只有天子的衮冕用12

五行生克 是五行学说的一种观点。认为宇宙是由金、木、水、火、土五种最基本的物质构成的，它们不断运动和相互作用。五行相生：木生火，火生土，土生金，金生水，水生木。五行相克：木克土，土克水，水克火，火克金，金克木。

> **玄端** 为先秦时通用的朝服及士礼服，是华夏礼服"衣裳制度"的体现。后深衣流行后玄端逐渐废止，后来明代恢复古玄端制而造"忠靖服"。因玄端服无章彩纹饰，也暗合了正直端方的内涵，所以这种服制称为"玄端"。

旒，每旒贯玉12颗。公之服只能低于天子的衮冕，用9旒，每旒贯玉9颗；侯伯之服只能服鷩冕，用7旒，每旒贯玉7颗；子男之服只能服毳冕，用5旒，每旒贯玉5颗；卿、大夫之服玄冕，按官位高低玄冕又有6旒、4旒、2旒的区别，三公以下的只可用前旒，没有后旒。

凡是地位比较高的人可以穿低于规定的礼服，而地位低的人不允许越位穿高于规定的礼服，否则要受到惩罚。

周代国王的礼服除以上6种冕服的服饰之外，还有4种弁服及其服饰，即用于视朝时的皮弁、兵事的韦弁、田猎的冠弁和士助君祭的爵弁。

皮弁以五彩玉饰其缝中，白衣素裳；韦弁赤色，配赤衣赤裳；冠弁配缁布衣素裳；爵弁无旒，无前低之势的冕冠，配玄衣纁裳。

■ 周代女子服装

除了天子本人的服饰变化很大外，周代王后的衣饰和头饰也有了发展。王后的礼服与国王的礼服相配衬，也和国王冕服那样分成6种规格，即袆衣、揄狄、阙狄、鞠衣、展衣、禄衣和素纱。前3种为祭服。袆衣是玄色加彩绘的衣服，揄狄青色，阙狄赤色，鞠衣桑黄色，展衣白色，禄衣黑色。揄狄和阙狄是用彩绢刻成雉鸡之形，加以彩绘，缝于衣上作为装饰。

王后的6种礼服，其头饰也是不同的。按照《周礼·天官》的说法，有"副、编、次、追、衡、笄"6种，其中以副最显盛饰，其他次之。

■ 周代歌舞俑

副是在头上加戴假发和全副华丽的首饰，编是在加戴假发的基础上加一些首饰，次是把原有的头发梳编打扮，使之美化。追是动词，衡和笄是约发用的饰品，追衡笄是指在头发上插上约发用的衡和笄。也有人把追释为玉石饰物，衡悬于两旁当耳之处，笄贯于发髻之中。

除了天子和王后的佩饰外，还有一般服装及相应的佩饰，包括玄端、深衣、袍、襦、裘以及舄履和军戎服。

玄端自天子至士皆可穿，为国家的法服。其中诸侯的玄端与玄冠素裳相配，上士亦配素裳，中士配黄裳，下士配前玄后黄的杂裳，并用黑带佩系，与杂裳同颜色。

深衣一般用白布制作，是上衣与下裳连成一起的长衣服。在儒家理论上，说深衣的袖圆似规，领方似矩，背后垂直如绳，下摆平衡似权，符合规、矩、

深衣 是直筒式长衫，把衣、裳连在一起包住身子，分开裁，上下缝合，因为"被体深邃"，所以得名。通俗地说，就是上衣和下裳相连在一起，用不同色彩的布料作为边缘，其特点是使身体深藏不露，雍容典雅。深衣是华夏服饰文化的代表。

绳、权、衡五种原理，所以深衣是比朝服次一等的服装，庶人则用它当作"吉服"来穿。后来到了春秋战国时期，深衣开始盛行。

袍也是上衣和下裳连成一体的长衣服，但有夹层，夹层里装有御寒的旧棉絮。如果夹层所装的是新棉絮，则称为"茧"；若装的是劣质的絮头或细碎枲麻充数的，称之为"缊"。在周代，袍是作为一种生活便装，而不作为礼服的。古代士兵也穿袍。

襦是比袍短一些的棉衣。如果是质料很粗陋的襦衣，则称为"褐"。褐衣是劳动人民的服装。

裘是材质贵重的服装之一，例如天子的大裘采用黑羔皮来制作，贵族穿锦衣狐裘。狐裘中又以白狐裘为珍贵，其次为黄狐裘、青狐裘、虎裘、貉裘，再次为狼皮、狗皮、老羊皮等。天子、诸侯的裘用全裘，不加袖饰，下卿、大夫则以豹皮饰作为袖端。

周代铠甲

商周时期，男女穿的鞋子是一样的，有赤舄、黑舄、素履、葛履种种。履是单底的，舄是双底的。屦是牙底相接处所镶的赤色或黄色缝条。国王的舄可分三等，赤舄为上，白舄、黑舄次之。王后以玄舄为上，青舄、赤舄次之。

商周时期的军队已用铜盔和革甲等作为防身的装备。甲衣也可加漆，用黑漆或红漆以及其他颜色。甲衣外面还可再披裹各种

周代青铜盔

颜色的外衣,称为衷甲。由各种鲜明颜色的衣甲和旗帜,组成威严的军阵。

此外,商周时期的铜盔顶端还留有作为装饰用的插羽毛的孔管,古时常常插鹖鸟的羽毛。鹖鸟的羽毛不仅非常漂亮,而且这种鸟儿凶猛好斗,至死不怯,所以又象征勇猛无敌。

阅读链接

据司马迁《史记·孟尝君列传》记载:齐国贵族孟尝君到秦国访问时,送给秦昭王一件白狐裘,它的价格极为昂贵,举世无双。后来,秦昭王想扣留孟尝君,孟尝君只好求助秦王的宠妃。

于是宠妃提出要孟尝君也送她一件白狐裘作为放行的条件,但是这种白狐裘只有一件,情急之下,孟尝君的门客便学狗叫骗过卫兵,从秦王的仓库中把白狐裘偷出来,送给秦王的宠妃,换得了放他们通行的命令,逃出秦国。从此,白狐裘在衣服中的声价更是价值连城了。

商周时期的佩饰艺术

商周时期，奴隶主阶级对佩饰极为重视，设立了专门的手工作坊来生产。人们通过发饰、耳饰、颈饰、臂饰、佩璜等佩饰，极大地丰富了物资生活和精神生活。

这个时期首饰佩饰制品有骨、玉、蚌、金、铜等，其中玉制品最为突出。周代奴隶主以美玉比喻人的品格，玉成为奴隶主贵族道德人格的象征。

发饰用来装饰头发及头部。商周时期装饰头发主要用笄、簪和

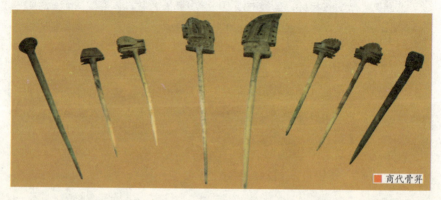

商代骨笄

梳。笄有骨笄、蚌笄、玉笄、铜笄、金笄等，其形制也各有特点。骨笄、蚌笄、玉笄在我国新石器时期就用以固定发髻。考古发现证明，商周时期的笄从种类到材质都有了新的发展。

西周时期的笄在陕西长安沣河东西两岸的周代都城丰镐遗址，张家坡西周居住地遗址均有出土，有骨笄700余件，有的在笄顶雕刻鸟纹，有的在顶端加圆锥形或平顶笄帽，有的再加饰骨环，有的加嵌绿松石装饰。

周代男女都用笄，除固定发髻外，也用来固定冠帽。古时的帽大可以戴住头部，但小冠只能戴住发髻，所以戴冠必须用双笄从左右两侧插进发髻加以固定。固定冠帽的笄称为"衡笄"，周代设"追师"的官来进行管理。

衡笄插进冠帽固定于发髻之后，还要从左右两笄端用丝带拉到颔下系住。至于丝带的颜色，天子的玉笄为红色组纮，诸侯的玉笄为青色组纮，大夫、士的骨笄为黑色组纮。纮是冠冕上的带子，由颔下向上系于笄，垂者为缨。

用来固定发髻的笄叫"髻笄"。从周代起，女子年满15岁便算成人，可以许嫁，谓之及笄。如果没有

■ 商代妇好墓骨梳子

追师 古代官名。《周礼》谓天官所属有追师，设下士2人及府、史、工、徒等人员。掌王后、九嫔外内命妃头上的冠冕服饰，包括假髻及各种首饰。追，是冠冕的意思。

■ 商代金笄

> **笄礼** 即汉民族女孩成人礼，古代嘉礼的一种。俗称"上头""上头礼"。始于周代。一般在15岁举行，如果一直待嫁未许人，则至20岁也行笄礼。笄礼是我国汉民族传统的成人仪礼，是汉民族重要的人文遗产，它在历史上对于个体成员成长的激励和鼓舞作用非常之大。

许嫁，到20岁时也要举行笄礼，由一个妇人给适龄女子梳一个发髻，插上一支笄，礼后再取下。

商周时期的笄大体可分为四种形式。圆柱体的笄身套接圆锥形笄帽，套接后在笄帽基部横穿一孔穿过笄身，从这个孔插入骨榫予以固定。

用整块肢骨磨成笄首呈梯形或正方形，侧面呈扁形，笄首外围有阴线刻纹的骨笄。这种笄多出于殷墟。

用整块肢骨制作并在笄首刻高冠长尾的凤鸟纹，还有在凤鸟的眼、胸部位镶嵌小宝石的骨笄，西安沣西出土的西周骨笄上还有在大鸟背上又立小鸟的造型。

在郑州北郊的商代遗址、河南安阳晚商宫殿遗址及西安沣河西周遗址，均发现有笄首作夔龙纹、周围透雕着锯齿形缺口的笄，这枚笄全长20多厘米，笄首长约7厘米，特意突出了装饰的作用。

笄后来改用金、银、铜等金属制作，针细头粗，强调装饰美化的作用，就逐渐演化为后来的簪了。

考古工作者在北京平谷刘家河商中期墓中挖掘出土一件金簪，长27.7厘米，头宽2.9厘米，重108.7克，截面为钝三角形，尾部有长约4厘米的榫状小钉。

梳的形式到商周时期已很注意美观，商代的梳有

骨梳和玉梳。背部平直，中央有凸起，梳身为长方形，是商代梳的基本特点。至周代梳背向弧形变化。

河南安阳妇好墓出土的骨梳，背面平直，背正中刻有一只小鸟，身呈扁方形，有线刻兽面纹为饰，其左右两侧镂出棱脊戚齿纹，下面用一条曲折纹边与梳齿相隔，梳齿已残断。

妇好墓出土的玉梳，其中一件在梳子的背雕上有两只相向而立的鹦鹉，有齿15枚，其中的3枚已断去。另一件顶上有长方形凸起，两面雕兽面纹，8齿。

用笄、簪和梳等梳妆工具做成的商代男女发式很有特点。商代男子主要有辫发盘顶的发式。河南安阳殷墟妇好墓出土的玉人，为商代男子发式，以梳辫发为主。

从出土文物的形象资料来看，这个时期的男子辫发样式较多。有总发至顶，编成一个辫子，垂至脑后的；有左右两侧梳辫，辫梢卷曲，下垂至肩的；还有将发编成辫子盘绕于顶的，等等。

由于年代久远，商代妇女的发式资料非常珍贵，北京故宫博物院藏有一

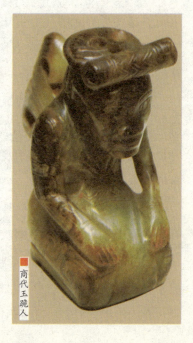

商代玉跪人

周代时候的玉佩

件商代透雕玉人佩，头部非常写实。头上戴着帽箍，头发向后梳，并在头顶两侧梳发髻，其余鬓发自然下垂，两鬓发尾微向上卷，呈蝥尾形，在发髻上插有对称的鸟型发笄。

这种鸟型发笄多成双成对出现，多用于女子，含有成双成对的寓意。这种梳双髻、插双笄的发式，自商周以来，一直是未成年男女的发式。

商周时期的耳饰有玦、瑱、珰、环等，其中玦曾经在安阳妇好墓出土。这些耳饰除圆环形带缺缝外，还有将环形演化成兽纹的。陕西宝鸡福临东周墓出土的4块石玦，都散落在墓主人耳旁，河南洛阳中州路东周墓墓主人两耳边各有一片柱状石玦。

瑱是一种垂饰，有两种佩戴方法，一种是从祭服冠帽左右两方的衡笄用纮垂挂于两旁正当耳孔之处。纮是冠冕上用来系瑱的带子。另一种是直接垂于耳上。用于丧葬时，先在逝者的耳朵里塞一紫丝绵，再把瑱垂于逝者的耳孔上。

珰是直接穿挂于耳上的耳饰，在天津蓟县围纺商代遗址出土的铜耳珰，尾端锥形，一端呈喇叭口状。北京平谷刘家河商墓出土的金耳珰，重0.8克，喇叭口宽2.2厘米。坠部呈喇叭状，底部周边有一沟槽，原来可能有镶嵌物，珰上部呈半圆形弯曲。

商代晚期的耳珰，上部用金丝弯成钩状，下部以金片压成卷曲的装饰，钩与装饰的连接处穿有1颗至2颗绿松石圆珠。山西石楼后兰家沟及永和下辛角村商墓均有此种耳珰发现。

商代的颈饰可见于考古发现。在安徽辉县琉璃阁第140号殷墓发现过由灰色玉管珠串成的颈饰，同区第32号殷墓出土了以2110颗白色扁平圆珠串成的颈饰。

河南郑州铭功路2号商墓发现了1000余枚蚌珠，并列为6串，可能装饰于颈后，再盘绕于胸前和腰部。河南安阳大司空村265号殷墓，在人架颈部发现20个蚌饰。

山西保德林遮峪发现了18枚用珠状、梅花状、圆盘状的琥珀，绿松石、玉、骨制成的串饰，置于人架颈部及胸部。

山东济阳刘台子西周早期墓出土了一件长110厘米的珠串，其中有白玉龟饰13件，白玉棍饰1件，红玛瑙串珠5粒，其余是绿松石及黑白串珠，最小的仅有芝麻粒大，但中间穿孔正规。

在陕西西安沣西张家坡188号西周墓，发现了人架颈部有11件小玉片、4件贝、1件小玉饰连成的串饰，同区406号墓出土小玉块86块，内11块含于口内，其余均在胸前，也可能是串饰。

具有代表性的商代臂饰是在妇好墓出土的各种形式的玉瑗，第一种器形较长宽，外廓中间部位有一凸棱；

第二种是外廓中间凹下，两边凸起，呈凹弧形；

第三种是内缘凸起的唇瑗，形似碗托，后来的清乾隆皇帝做了几件玉碗托，就是根据这种形式制造的；第四种则是将唇瑗外缘板块体

商代玉龟

雕镂成花纹。

商代已有金臂钏,北京平谷刘家河商代中期墓曾出土一双金臂钏,截面直径0.3厘米,钏直径12.5厘米,其中一只重93.7克,另一只重79.8克,两件含金量为85%,余为少量的银及微量的铜。各用一金环将两端拱起,呈扇状,变成环形。

佩璜是一种玩赏性的佩玉,与礼器上的璜无关。商代佩璜已由素面无纹演变为人纹璜、鸟纹璜、鱼纹璜、兽纹璜等,一直流传到西周后期。

商代佩璜大体有两大类,一类是在璜的基本形制的规范下,或素面无纹,或略施纹饰,保持礼器以"不琢为贵"的传统。

另一类是把璜雕刻成动物、器物的轮廓,以纹饰的装饰美为主。这类佩璜为数甚多,有人形璜、龙纹璜、兽纹璜、鸟纹璜、鱼纹璜等。

安阳侯家庄西北岗、小屯、殷墟妇好墓等处出土的商代人形璜都呈跪坐形,跪坐姿势易于同璜的造型适合,同时跪坐也是商民族的生

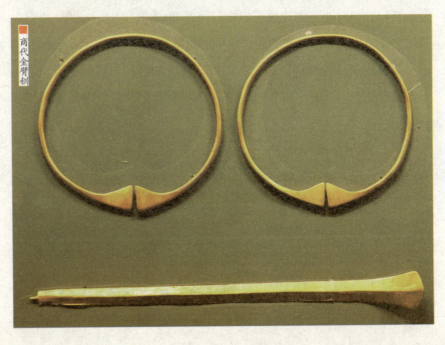

商代金臂钏

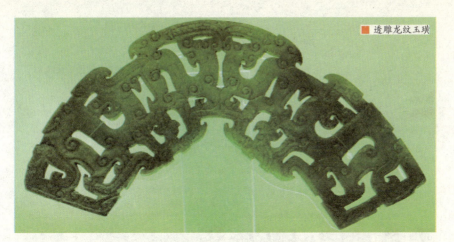

■ 透雕龙纹玉璜

活习惯。长条龙纹适合弯曲，也便于做成璜形。其他如兽纹璜有虎纹，鸟纹将冠羽及尾羽拉长弯曲，也极易变成璜形，角纹璜则为数不多。

此外，还有象纹佩、牛纹佩、兔纹佩、龟纹佩、鹿纹佩、鸟纹佩、凤纹佩等，形式变化较自由。

总之，商周时期的佩饰不仅材质高贵、形式华美，具有很强的实用性以及美化作用，而且被赋予了宗教性和阶级性，逐渐被赋予更多的精神内涵。

> **阅读链接**
>
> 据记录周朝历史的《逸周书·世俘解》记载：周武王灭商时，商纣王用玉环身自焚，焚玉四千。周武王最后获得了大量商代王室的宝玉，可见商纣王对宝石玉器的挚爱。
>
> 当时，在上层贵族阶级内部，用繁复的"礼"去维系等级秩序，如《礼记·王藻》中说："进则揖之，退则扬之，然后玉锵鸣也。故君子在车则闻鸾和之声，在行则鸣佩玉，是以非辟之心，无自入也。"又说："天子佩白玉，公侯佩山玄玉，大夫佩水苍玉，子佩瑜玉，士佩瓀玫。"以上所引文献，说明当时奴隶主阶级使用玉石佩饰的普遍程度。

春秋战国时的饰物

春秋战国时期继承商周时期佩饰艺术的传统，除形式的装饰美和材质的珍贵之外，也带有礼教德操和社会等级地位的内涵，至于工艺技巧则发展到更加精美的程度。

这一时期的佩饰物品，包括发饰、耳饰、颈饰、臂饰、腰饰带钩、佩玉、佩璜以及金属工艺装饰等。

梳篦是梳理头发的用具，也把梳篦插在头发上作为装饰，春秋战

■ 错金银云纹车饰

国梳篦的形状，背部呈圆弧形，表面有对称纹饰。梳的形状向扁长而低的形状变化，梳齿也更多了，更便于使用。

春秋战国时期的梳篦实物，有河南淅川春秋时期墓出土的玉梳、山西长治分水岭春秋时期墓出土的竹梳、湖北江陵拍马山和四川青川战国时期墓出土的木梳等。

在山西侯马出土的春秋时期人纹陶范中，女子的头上插着双角形篦，其背部呈弯角形，与商周的梳篦背上缘近乎平直，背正中的凸起物不同，故也有人认为是角形冠。

■ 龙形玉佩

小型的玦是古代从新石器时代流传下来的一种耳饰，春秋战国的玉玦，有圆形缺口、素面无纹的，有雕琢成纹饰的，有呈柱状加缺口的。战国时期的中山国墓出土有夔龙首黄玉玦一件，广东曲江石峡墓出土了圆廓外4个半月形突饰的玉玦，这些玉玦的外形有呈柱形的，有呈椭圆形且孔不居中的，有上宽下窄的椭圆形的，形制多种多样。

颈饰是原始社会就普遍佩戴的装饰，春秋战国时期的颈饰出土数量很多。安徽寿县蔡侯墓出土绿松石1000多粒，均有穿孔，大小不一，装一盒中，又有穿

中山国 春秋战国时期诸侯国。前身为北方狄族鲜虞部落，姬姓。国土嵌在燕赵之间。经历了戎狄、鲜虞和中山三个发展阶段，在每个阶段都被中原诸国视为华夏的心腹大患，经历了邢侯搏戎、晋侯抗鲜虞的事件。后被魏乐羊、吴起统率的军队占领，从此一蹶不振。

孔骨珠100多粒。排成两圈，每隔两排4颗小的，用1颗大的将两排连在一起，串成大小相间、单双相连的形状。

山西侯马上马村春秋时期墓出土两条玉串，大的一串由玛瑙珠、骨珠、玉珠、玉环、玉兽等20枚组成，珠的形状有枣形的、管状的、珠形的、六菱形的、长方形的，都有穿孔。小的由11枚组成，形式质料相同，出土时置于墓主人胸部。

河北怀来北辛堡两座燕国墓，一座出土绿松石串珠264枚，另一座出土1975枚。前墓所出除少数较大外，多数都很小，有的如绿豆，有的如粟粒大小，且都有穿孔，出土位置在墓主人的颈部。后墓出土的除绿松石外，还有白石制成的串珠。战国时期中山国王墓出土玛瑙项链2串，一串222粒，另一串74粒，均呈管形，做工细腻精美。

玉瑗是我国从新石器时代流传下来的一种臂饰，扁圆而有大孔，即扁圆环形。战国玉瑗形状与新石器时代的瑗有所区别，表现在战国玉瑗纹饰渐多，有些作为纽丝纹的玉瑗，中央加厚，两边变薄，剖面如枣核形。

古代玉瑗

在纹饰内容方面，战国时期玉瑗的纹饰以榖纹和云雷纹居多，也有变化成一条首尾相接的龙形或变化成筒形的。

春秋战国时期的指环也有出土，山西侯马上马村春秋时期墓出土两件血红色的玛瑙指环，断面呈六角形，使后人得以了解这一时期的指环形制。

玛瑙古称琼，又称赤玉。据《后汉书·东夷传》记载：东北的扶余、挹娄出赤玉，也就是产玛瑙，有"玛瑙无红一世穷"的说法。

■ 西周玛瑙玉珠项链

在新石器时代的良渚文化遗址中，曾多次出土玉带钩，大多出于尸骨的下肢部位。商周时期的腰带多为丝帛所制的宽带，又名绅带。绅即丝带束紧腰部后下垂的部分。

女子的腰带也用丝质，下垂部分称作襜褕。女子的长腰带称作绸缪，打成环状结并易于解开的称作纽，打紧死结不易解开的称作缔。因为在绅带上不好钩挂佩饰，所以又束革带。只有贫寒的人才把革带束在外面，有身份和地位的人都把革带束在里面，再在外面束绅带。

西周晚期至春秋早期，华夏民族采用青铜带钩固定在革带的一端上，只要把带钩钩住革带另一端的环或孔眼，就能把革带钩住。使用非常方便，而且美

扶余 古国名，亦作夫余，是居住在我国东北部的古老民族扶余人所建立的东北亚国家。扶余人聚居于今日我国东北，那里谷物丰盛，余粮颇多。扶余国从立国到被高句丽灭国为止，历世约700年。后世的高句丽、百济都是扶余国的延续。

金银错 此工艺始见于商周时代的青铜器，主要用于青铜器制作的各种器皿、车马器具及兵器等实用器物上的装饰图案。到春秋中晚期才兴盛起来。它是我国古代科学技术发展到一定阶段的产物，它一出现，很快就受到了人们的普遍欢迎。

观，所以就把革带直接束在外面了。革带的制作也越来越精美华丽，后来不但把革带漆上颜色，还镶嵌金玉等装饰。

到战国时期，腰带带钩的功用已经有多种。一种是横装于带端，用来搭接革带两端的；一种是与环相配，直挂在革带上钩挂佩饰的；另有一种较长的衣钩可装于衣服肩部，钩挂衣领，或装于衣领，钩挂衣服于肩部，这种衣钩仍在和尚的袈裟上使用。

战国时期的带钩形制有多种类型，形式也有多种变化，但钩体都呈"S"形，下面有柱。比如，形制像螳螂之腹，钩短，呈龙首或鸟首形，下有圆柱，近于一端，柱顶圆形；做成方形的带钩，钩短，呈兽首形，下方有方柱，近于一端，柱顶较为粗大；还有一种呈圆形、细长颈、短钩，下有圆柱，等等。

带钩的材质高贵，有玉石、金银、青铜和玛瑙等。工艺精美，制作上除雕镂花纹外，有的在青铜上镶嵌绿松石，有的在铜或银上镏金，有的在铜、铁上错金嵌银，即金银错工艺，制作十分考究。

在我国北方居住的匈奴、东胡等部族也在革带上使用一种类似带钩的金属装置，即在革带上装斗兽纹铜饰牌，用铜镝扣结。这类革带在用镝扣结和装饰牌等方面都与中原革

■ 镶绿松石铜带钩

带的带钩不同，属于不同发源地的带饰。

古人佩玉大有讲究，佩有全佩、组佩及礼制以外的装饰性玉佩。全佩由珩、璜、琚、瑀、冲牙等组合。组佩是将数件佩玉用彩组串联，悬挂于革带上。

战国时期墓出土的10件组佩彩绘俑中，有一件高64厘米，身穿交领右衽直裾袍，宽袖，袖口饰菱纹缘，腰悬穿珠、玉璜、玉璧、彩结、彩环组佩，后背腰束黄、红相间的三角纹锦带，衣襟内露出鲜艳的内衣，气度不凡。

■ 青玉节佩

装饰性玉佩包括生肖形玉佩、人纹佩、龙纹佩、鸟纹佩、兽纹佩等，这类玉佩比商周时期细腻精美，逐渐演变为佩璜和系璧。

更为精巧的则是镂空活环套扣的玉佩。例如，1978年湖北随县擂鼓墩战国早期曾侯乙墓出土的青玉4节佩，长9.5厘米，宽7.2厘米，厚0.4厘米，系由3个透空的活环套扣相连，可开可合；3个活环上饰有首尾相连的蛇纹，4节皆镂空，刻有不同姿态的龙纹，最上面1节有穿孔，可佩挂。

同时出土的玉器多节佩，长48.5厘米，最宽8.5厘米，全器可分解成5组，插榫接合后可成一器，接合后可展可合，共26节，均由活环套接。其中有4个活

东胡 是我国东北部的古老游牧民族。自商代初年到西汉，东胡存在了大约1300年。东胡、濊貊、肃慎被称为我国古代东北三大民族。东胡语言属阿尔泰语系。东胡是一个部落联盟，包括了当时族属相同而名号不一的大小部落。

> **榫卯** 是在两个木构件上所采用的一种凹凸结合的连接方式。凸出部分叫榫，凹进部分叫卯。这是我国古代建筑、家具以及其他木制器械的主要结构方式。工匠手艺的高低，通过榫卯的结构就能清楚地反映出来。

环套由金属材料的接榫插接而成，可以拆卸。有8个环套是镂空的，不能拆卸。通体饰有龙纹和勾连纹，精巧无比。

佩璜和纽座系璧都是礼器以外的饰品，更具有审美的赏玩性和装饰性。商代已经有人纹、鸟纹、鱼纹、兽纹的佩璜，这种形式一直流传到春秋战国时期。

春秋战国时期的佩璜纹饰日趋繁复，题材多龙凤蟠螭云纹，周身施饰。同时，玉珩、玉觽、玉璧及其他玉佩、玉饰的纹饰也日趋繁缛华丽，工技美巧。

春秋时随着青铜器物轻型化的趋向，系璧也成为单独的佩饰而多施纹饰。但作为璧的圆形是保留着的，一般在圆形周围附加装饰。

春秋战国时期，我国在金属工艺加工方面已经掌

■ 战国鹰顶金冠饰

握了焊接榫卯、镶嵌、镏金、镂空、失蜡浇铸、金银错嵌等技术，制作各种精美的器物。

金属工艺加工技艺不仅在华夏地区发展，在北方匈奴族地区也很先进。内蒙古伊克昭盟杭锦旗阿鲁柴登曾经出土一件战国的鹰鸟顶金冠，被考古研究者认为是匈奴的王冠，由冠顶和冠带两部分组合而成。

战国时期琉璃项链

鹰鸟冠顶高7.1厘米，重192克，雄鹰展翅立于半球冠顶中央，其下为厚金片捶打的半球面体，饰有4只狼与盘角羊咬斗的纹饰。鹰的头部、颈部镶有两块绿松石，头与尾可以左右摇动。

冠带径16.5厘米，重1022.4克，由3条半圆形金条组合，从前面看，冠带上下是两条绳纹饰边，这两条金条饰边的中间有榫铆相互接合。从后面看，另有一条金条围过来与前面两条金条榫铆连接成圆环形帽圈，再在圆环左右分别装饰虎、盘角羊、马等动物浮雕，与冠顶组合成金冠，二者可以拆卸组装。

春秋战国时期的服饰更加丰富。由于当时织绣工艺的巨大进步，使得服饰材料日益精细，品种日见繁多。比如河南襄邑的织有彩色花纹的锦缎，山东齐鲁的白细绢、绮、缟、文绣等，久盛不衰。工艺的传播，使多样、精美的衣着服饰脱颖而出。

当时各种形制的帽子，非常引人注目，精致的用薄如蝉翼的轻

战国时期人们佩戴的金项圈

纱,贵重的用黄金珠玉装饰,形状有的如覆杯上耸。鞋的样式也很多,多用小鹿皮制作,或用丝缕、细草编成。其中女子的鞋爱用毛皮镶缘作为出锋,还有半截式露指的薄质锦绣手套,做工令人惊叹。

春秋战国时期的衣着,上层人物的宽博,下层社会的窄小,已趋迥然。最智巧的设计,是在两腋下腰缝与袖缝交界处各嵌入一片矩形面料,其作用能使平面剪裁立体化,可以完美地表现人的体形,两袖也获得更大的运肘功能。

总之,在春秋战国时期的佩饰,品类多样,材质高贵,制作考究,服饰工艺精美,寓意丰富,是我国佩饰和服饰发展历史上的重要阶段。

阅读链接

带钩是古代贵族和文人武士所系腰带的挂钩,古又称"犀比"。多用青铜铸造,也有用黄金、白银、铁、玉等制成。带钩起源于西周,战国至秦汉广为流行。带钩是身份象征,带钩所用材质、制作精细程度、造型纹饰以及大小都是判断带钩价值的标准。

古文献记载春秋时管仲追赶齐桓公,拔箭向齐桓公射去,正好射中齐桓公的带钩,齐桓公装死躲过了这场灾难,后成为齐国的国君。他知道管仲有才能,不记前仇,重用管仲,终于完成霸业。

发展潮流

不断丰富

中华民族追求美丽的脚步从未间断。如果说先秦时期的佩饰艺术重在外在之美，那么从秦汉建立"大一统"国家之后，人们不但追求外在美，也通过各种佩饰方式彰显内在之美，借以衬托高尚的心灵。

先秦佩饰艺术的开创性贡献，经过秦汉及其后历代的进一步发展，至隋唐时期，在服装颜色与纹样、佩饰种类和及佩戴方式、发型与发饰及化妆技术等各个方面，都获得了快速发展并有诸多创新，使佩饰品种类繁杂，制作工艺日益发达，样式翻新，充分体现了人们对美的追求。

秦汉时的服色与佩饰

我国服装的色彩，与古代阴阳五行学说相结合。秦汉时期的服装色彩，就明显地受到阴阳五行学说的影响。

秦汉时期，方术家把五行学说与占星术的五方观念相结合，认为土象征中央；木是青色，象征东方；火是红色，象征南方；金是白色，象征西方；水是黑色，象征北方。

■ 董仲舒 西汉时一位与时俱进的思想家，儒学家，著名的唯心主义哲学家和今文经学大师。汉景帝时任博士，讲授《公羊春秋》。他把儒家的伦理思想概括为"三纲五常"，汉武帝采纳了董仲舒的建议，从此儒学开始成为官方哲学，并延续至今。其教育思想和"大一统""天人感应"理论，为后世封建统治者提供了统治的理论基础。他提出的"罢黜百家，独尊儒术"思想，对中国文化的影响尤其深远，以儒家思想为代表的文化思想，一直是我国的主流文化。

■ 青玉透雕龙形璜

因此，秦灭六国，被认为是获水德，于是服色尚黑。汉承秦后，被认为是获土德，于是服色尚黄。

除了正色以外，又按阴阳之间相生相克的信仰，调配出间色，介于五色之间，多为平民服饰采用。

儒学大师董仲舒是汉代著名的大思想家，他主张"罢黜百家，独尊儒术"，他论述的"天人合一""天人感应"，既是对我国远古自然崇拜的继承与提高，又对融入自然服饰观起到了理论上的指导作用。

与董仲舒"天人合一"和"天人感应"有关的，是服饰中有应季节而专设的"四时服"与"五时衣"，即孟春穿青色，孟夏穿赤色，季夏穿黄色，孟秋穿白色，孟冬穿黑色，形成礼俗。

我国古代哲学家认为天道自然，以天道为本，因而强调法天思想，认为人类社会中的一切都应该效法天，当时也包括服装颜色在内。对照五时衣服所选择的五种颜色来看，我国古人并未考虑到四季的温差，而是努力寻求与大自然精神的统一。

方术家 指我国古代用自然的变异现象和阴阳五行之说来推测、解释人和国家的吉凶祸福、气数命运的医卜星相、遁甲、堪舆和神仙之术的人。方，指方技；术，指数术。秦汉时，秦始皇和汉武帝的身边都有一些方术家。

秦汉时期服装的佩饰主要是佩玉和佩绶等。汉代非常重视佩玉，不仅用玉来表示佩带者的品德，还对佩玉有明确的规定。据《礼记·玉藻》记载：天子佩白玉而玄组绶，公侯佩山玄玉而朱组绶，大夫佩水苍玉而纯组绶，世子佩瑜玉而綦组绶，士佩瓀玟而缊组绶。不同身份的人佩玉的颜色不同。

目前考古发掘到的玉器非常多，汉代佩玉又占有相当的数量，以观赏性佩玉为多，制作极其精美。这从一个侧面反映出汉代人对佩玉的重视。

考古出土的汉代的玉璜有几种，它们的弧度不同，纹饰不同。半璧式玉璜，以长沙博物馆藏西汉曹䢵墓出土玉璜为代表，璜长16.8厘米，宽8厘米，为半个鸟纹玉璧，这种玉璜当时可能作为礼器使用。

双兽首玉璜：两端为张口之兽首，兽首为尖耳，水滴形眼，嘴部为锯开的细缝。璜表面为凸起的带有螺旋的谷纹，这类玉璜以南京小龟山汉墓出土玉璜为代表。

> **世子** 周代时，天子、诸侯的嫡子称"世子"。开始世子只是个称谓，儿子都是世子，后来演变成册封，也就是后来说的储君，就是继承父亲的儿子，但大多还是册立长子，历史上册立少子为世子的也有。后世称继承王爷、诸侯爵位者的正式封号为世子，多由嫡、长充任。

■ 汉代青玉谷纹璜

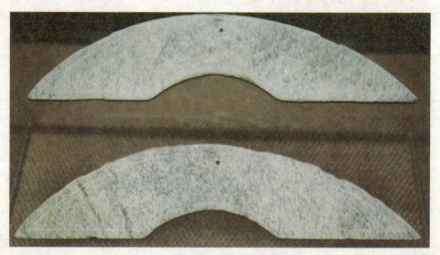

龙纹玉璜：一端雕兽面，中部则雕龙身，龙身细而方折，上有双阴线刻的横节纹，璜的边缘带有凸齿。璜的中部有一孔，以备悬挂。

汉代的蝶形佩由古代佩蝶演化而来，又称鸡心佩，它的中部为片状，近似于盾牌或鸡心的形状，中心一孔，外部镂雕装饰。

镶玻璃螭虎纹带钩

汉代蝶形佩的造型可分为3类：第一类为片状，薄而平，外部装饰简单，多为带有卷钩的勾连纹；第二类是鸡心的中部微隆起，边缘的装饰纹为圆雕或凸雕，连于鸡心之上，多为兽纹、鸟纹、云纹；第三类为蝶形佩的变形，或为桥形。这3类玉佩中，第一类多见于西汉，第二类多见于东汉及后来的南北朝时期。

从装饰纹样上看，蝶形佩所饰有勾连纹及螭、凤等纹样。勾连纹似带状，但边部及端部带有卷钩式装饰，龙纹似螭，身上带少许鳞，大嘴角，上下唇厚而长，眼为水滴形。

螭纹也极有特征，或有独角，耳部为叠状耳或尖耳带有小凹槽，眼滚圆或细长，嘴部主要有3种——榫式、T式、三段式。龙与螭能饰有细密的短阴线，并有阴刻小圈。

凤纹的特点是头小，喙长大而下钩，顶部饰有长翎，长颈，小身，腿似兽腿，长尾分叉，外卷，似螭尾。边缘的镂雕装饰布局也有几种，或集中于一端，或左右对称或偏重于一侧。

汉代玉带钩的种类很多，有长钩、短钩、琵琶肚、扁担腰、方头、圆头等多种形式，比较常见的有鸟头钩、兽头钩、螭纹钩和弦纹

汉代貔貅饰件

钩等。

鸟头钩的钩腹较宽,琵琶形,中部凸起,其上纹饰浅而简略,似为鸟羽,颈细长,钩头似鸟头,造型极简单。

兽头钩的钩头为兽头,腹部有几种,包括腹较短、底端较圆的琵琶肚,腹扁而长、端部略宽的长条形等。兽头的雕法也可分为两类,一类为尖耳,凸眼,眼珠似球,鼻与额相连且凸起,嘴部较方且呈三段式,鼻居中,两侧各有一凸起,以示唇;另一类则近似所谓"汉八刀"雕法,用简单的几道阴刻线雕出眼、嘴。

螭纹钩的腹部雕螭,螭形特点同前。弦纹勾钩腹扁宽,有几道凸起的弦纹,钩头扁而方,前端略窄,近似于兽面的外形,其上也有凸起的弦纹。

汉代用于佩带的玉人很多,主要为玉舞人及翁仲两种。舞人形象较为统一,细腰长袖,一只袖自头顶甩到身的另一侧,另一只手横于腰部,袖垂于身的另

汉八刀 指汉代雕刻的玉蝉,其刀法矫健、粗野,锋芒有力。体现出当时精湛的雕刻技术。汉八刀工艺品是我国玉器史上的代表之作,具有很高的工艺水平和艺术价值,在我国玉器史上占有重要的地位。汉以后不再觅到此风格的玉器。

一侧。汉代舞人的雕琢工艺精粗不一，粗糙的作品只雕外形，加几道阴刻线以示眼、眉或腰身。精制的则有起伏的衣褶，广东汉初南越王墓出土的圆雕立体玉舞人是最精的制品。

玉翁仲在汉代比较流行，是一种使用配饰，用于辟邪。常雕刻为一老者侍立状，老者长须大袍，头戴平冠，有孔穿绳，便于佩带。

玉剑饰在战国时就已出现，汉代佩带玉具剑，玉剑饰使用更加系统、广泛。文献记载的玉剑饰有5种，考古发现的汉代玉剑饰仅4种。

剑首饰玉，用于剑柄的最顶端，或称"标首"，有圆形、方形两种，圆形的最常见，为圆片状，中部凸起圆形球面，上饰涡纹，圆凸的四周或饰谷纹，或凸雕螭纹。方形的上宽下窄，近似梯形，中部微隆起，其上有兽面纹或云纹。

剑格，用于剑柄与剑锋之间，人称"琅"。这类玉件较薄，侧面看为长条形，截面为菱形或椭圆形，每面中部凸起一棱，以此为中心，琢兽面纹。剑鞘下端饰玉，称为"珌"。剑珌纹饰或为"山"形纹，或为兽面纹。

剑鞘饰，饰于鞘外，近人称为"招文带"，长条形，片状，两端下弯，背面有一个方形的仓，仓的侧面有透孔。其上纹饰有3种：螭纹，凸雕大小双螭；谷纹，为凸起的谷粒；勾云纹，为正反相连的勾

西汉玉剑格

云，一端饰一小兽面，兽两眼部特别大，头上有绳纹。

鞘口饰玉，名曰"摹"。目前尚未发现这类鞘口饰玉的传世或出土，传世品中所发现的也为明清时的作品，这种鞘口饰玉流行于哪个历史年代，目前尚难定论。

除了佩玉之外，汉代的佩绶也很有特点。佩绶为汉代服饰的一大特点，贵族阶层除佩挂刀剑，还有佩挂组绶的礼俗。组绶由朝廷统一发放，为汉代官员权力的象征。汉制规定：官员平时在外，须将官印封装在腰间的革囊里，并将绶带垂于外。

皇帝和各级官员所挂的佩绶，在尺寸、颜色及织法上有明显的区别。皇帝、太皇太后、皇太后、皇后佩黄赤绶，自公主封君以上皆带绶，各如其绶色，诸侯王佩赤绶，公、后、将军佩色为紫，以下有青色、黑色。

汉明帝恢复了古制，增加大佩制度。所谓大佩，是由各种玉质配件组成的饰物，一般都在祭祀朝会等重要场合佩带，它将相同的两组分配于左右两腰旁，皇帝的大佩系玉用串珠，公卿诸侯的大佩系玉用丝绳，丝绳颜色和绶是相同的。

阅读链接

翁仲在历史上实有其人。翁仲本是人名，姓阮。相传秦始皇时来到中国，始皇看他身材高大，武艺高强，派他守卫临洮，威震匈奴。翁仲死后，用铜铸了他的像，放在咸阳宫司马门外。后人因其有神威之力，又用石雕成翁仲象，守护坟墓，所谓"稼间石人曰翁仲"。

翁仲既有神力守护宫门坟墓，自然也可以随身佩带，驱除邪魔，于是，秦汉时期就有了饰佩的玉翁仲，并采用了汉代风格"汉八刀"的雕琢方法。

秦汉时的发型与发饰

秦代的历史非常短，对于秦代女子的发式，所知的大多出自秦始皇所好。秦始皇是一个特别注重后妃装饰打扮的君主，他在建立秦帝国以后，曾亲自下令让她们梳妆出仪态万方的各种发髻。

秦始皇"令宫人当暑戴黄罗髻，蝉冠子，五花朵子"。这里的黄罗髻，指的是一种假髻，以金银铜木为胎做成髻状，外蒙缯帛，使用时套在头上，以簪钗固定。

秦始皇还"诏后梳凌云

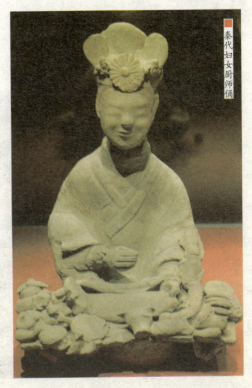

秦代妇女厨师俑

髻，三妃梳望仙九鬟髻，九嫔梳参鸾髻"。其中的九鬟仙髻的装饰甚为名贵，在贵族妇女中较为盛行。

鬟是妇女梳的环形发髻，"九鬟"是指将头发套成环，以多为高贵。鬟多发少，就加上假发，古代称为"髢"。用这种假发做出各式套环，并用细金属物支撑，上面插饰珍珠、宝石等贵重的装饰品，这种发式就叫作"九鬟仙髻"。由于它上面的装饰名贵，当时有"一鬟五百万，二鬟千万余"的形容。

秦代女子以椎髻为主流。椎髻又称"椎结"，是将头发结成椎形的髻，包括结鬟式、结椎式和对称式等。

结鬟式是将头发结鬟而成，有的耸立头顶，有的倾向两侧，有的平展，有的垂挂，妇女自身头发有限，往往加上"假发"和头饰，巍峨华丽。

结鬟的形式有高鬟、平鬟、垂鬟，有的在头顶，有的在两侧，鬟数也可随意结扎而定，变化很多，可灵活运用。

结椎式在古代妇女的发型中最为普遍，采用最广，历代都有采

秦代陶人

用，延续最长，从商周、秦汉、隋唐、宋、元、明、清等历代皆沿用。只是发型的高、平，低及结椎在前、中、左右、后等变化不同而已。

这种发式的梳编法，就是将头发拢结在头顶或者头侧，或前额与脑后，在扎束后挽结成椎，用簪或钗贯住，可盘卷成一椎、二椎至三椎，使之耸竖于头顶或两侧。

对称式从秦汉一直沿用下来，历代皆有采用，其典型的发式是"双丫髻"与"卯发"。双丫髻主要是宫廷侍女、侍婢丫鬟的发式，据传秦始皇令宫廷侍女梳双丫髻，穿褙子与衫，历代沿继袭用，一直至清代仍是不变。这种发式是将头发从顶中分两大股，往两侧平梳，并系结于两侧，再挽结成两大髻，使其对称放置在两侧。也可对称结鬟，使之垂下，为民间少女所喜用。

卯发为儿童或未婚少女之发式。其梳编法是将发平分两股，对称系结成两大椎，分置于头顶两侧，并在髻中引出一小绺头发，使其自然垂下。其形似"卯"字，故名。卯发至少在秦代就开始流行。

秦代男子的发式，主要来自秦陵出土提供的兵马俑实物资料。秦俑坑表现的是一组步、骑、车多兵种

■ 秦代步兵俑

褙子 汉族服饰名。形如中单，但腋下两裙离异不连。宋代盛行多为对襟，不施衿钮，腰间用勒帛系束，男女均可服用。后世多有沿革。男子一般把褙子当作便服或衬在礼服里面的衣服来穿。妇女则可以当作常服即公服及次于大礼服的常礼服来穿。

配合的庞大军阵。构成军阵的数千武士俑,以其所属兵种和在军队中的地位、发式、头饰各具特点。

步兵俑发式大致有4种类型,一是圆锥形髻,即脑后和两鬓各梳三股或四股小辫,交互盘于脑后,脑后发辫拢于头顶右侧或左侧,绾成圆锥发髻;二是扁髻,将所有的头发由前向后梳于脑后,分成六股、编成一板形发辫,上折贴于脑后,中间夹一发卡;三是头戴长冠,发髻位于头顶中部,罩在冠室之内;四是头戴鹖冠,但发式不明。

骑兵俑的发式与步兵俑的不同,头戴赭色圆形巾帻,上面采用朱色绘满三点成一组的几何形花纹,后面正中纹一朵较大的白色桃形花饰,两侧垂带,带头结于颏下。

车兵中驾驭战车的驭手俑头顶右侧梳髻,外罩白色圆形软帽,帽上还戴有长冠。驭手俑左右两旁的甲士俑束发,头戴白色圆帽。

秦代车兵俑

跽坐俑的发式是在前顶中分，然后沿头之左右两侧往后梳拢，在脑后绾结成圆形发髻，无发带、发卡及任何冠戴。

根据秦人及其前后的历史和传统习俗，尚右卑左是这一时期的历史特点，因此发髻偏左的武士俑身份要低于偏右发髻的武士俑身份。而发髻偏左、偏右的武士俑，都属于史书所载的"发直上"，他们的地位均高于发髻偏后的跽坐俑。多数头部不加饰物，发髻裸露的，地位最为低下。头戴软帽的士卒，地位当高于裸髻者，少数头戴长冠者，似为中下级军吏，个别俑头戴鹖冠，神情威严，当属高级指挥官。

秦代跽坐俑

除了各式的发髻外，古人对鬓发的修饰也是异常精心的，刻意将它修剪或整理成各种形状。从形象资料来看，秦代男女的鬓发，大多被修剪成直角状，鬓角下部的头发则全都剃去，给人以庄重、严整的感觉。

从秦始皇兵马俑中也可以看出，秦军中男子发式根据兵种、地位的不同而定。鬓角修成直角，鬓角下面的头发全部剃掉。秦代遵循"身体发肤受之父母"的古训，不得轻易损伤。即使在军中训练时，如果不小心砍掉了对方的头发，也要算是犯罪。

到了汉代以后，变化最大的就是妇女的发型，获得了空前的发展，发髻形制可谓千姿百态，名目繁多，总体上分为两类：一种是梳在颅后的垂髻，一种是盘于头顶的高髻。

汉代女子最流行的也是椎髻。这种发式主要用于汉代普通女性家居，梳这种发髻是一种贤淑与勤劳的象征。

汉代不仅汉族女子喜欢，连少数民族的人也颇喜爱梳绾椎髻，且不分男女。当时称中原民族以外的少数民族为"蛮夷"，多梳绾椎髻。可见这是汉时平民阶层普遍喜好的一种发式，在女子发式中一直占主导地位。

汉代女子除了梳垂髻外，梳高髻也开始流行，在东汉童谣中便有"城中好高髻，四方且一尺"的说法。但因其梳起来较为烦琐，多为宫廷嫔妃、官宦之家所好。

> **命妇** 泛称受有封号的妇女。命妇享有各种仪节上的待遇，一般多指官员的母、妻而言，俗称为"诰命夫人"。宫廷中嫔妃，称内命妇，外廷官员妻、母称外命妇。历代封建王朝加封妇女的封号皆从夫官爵高低而定，唐以后形成制度。

■ 汉代女子头饰

另外,在参加入庙、祭祀等较为正规的场合时,是一定要梳高髻的。例如汉时命妇在正规场合,多梳剪氂帼、绀缯帼、大手髻等。

当时妇女常于梳妆时接假发,梳成高大的发髻,插入笄簪,将它固定;也有用假发做成假髻,直接戴在头上,再以笄簪固定的,称为"副贰";还有一种以假发和帛巾做成帽子般的假髻,白天戴在头上,晚上可以取下来,称为帼。

这里的帼,指的是"巾帼",是古代女性的一种假髻。这种假髻与一般意义上的假髻不同,一般的假髻是在本身头发的基础之上增添一些假发编成的发髻,而帼则是一种貌似发髻的饰物,多以丝帛、鬃毛等制作而成,衬以金属框架,用时套在头上,再以发簪固定即可。从某种意义上说,它更像一顶帽子。

汉代歌舞俑

汉代宫廷流行的高髻还有很多,多为皇帝所好,令宫人梳之。如"汉高祖令宫人梳奉圣髻","武帝又令梳十二鬟髻","灵帝又令梳瑶台髻"。还有反绾髻、惊鹄髻、花钗大髻、三环髻、四起大髻、欣愁髻、飞仙髻、九环髻、迎春髻、垂云髻等,数不胜数。汉代女子髻上一般不加包饰,大都为露髻式。

不论是梳高髻还是梳垂髻,汉代女子多喜爱从髻中留一小绺头发,下垂于颅后,名为"垂髾",也称"分髾"。汉明帝曾经令宫人梳"百合分髾髻"亦是如此。

汉代还有一种因形制散乱而得名的"不聊生髻",顾名思义,或许还只垂下一绺头发。汉武帝时上元夫人还喜欢一种名为"三角髻"的发式,"头作三角髻,馀发散垂至腰"。这不属于垂髻,却与之有异曲同工之趣。这种发式风格直到魏晋仍盛行不衰,但至唐后则很难再见。

汉族男子的发式基本上是自周代起便有的梳髻形式。有的是梳髻于顶,有的是把头梳编成低平的扁髻,贴于脑后,然后或戴冠,或束巾,或者干脆就是露髻式。这种发式一直延续至明代,除少数民族统治时期强制汉民改换发式如清代满族之外,汉族的男子发式一直是保持梳髻的形式,区别只是冠帽形制的改变。

秦汉时期的发饰也是丰富多彩的,其中的很多装饰都在此前的基础上有所创新。如果把这一时期的发饰扩大一下范围,可以包括笄、簪、华胜、梳篦、步摇簪以及耳饰和颈饰。

汉代侍女头饰

笄是用于固定发髻的,簪是笄的发展,在头部盛加纹饰,可用金、玉、牙、玳瑁等制作而成,常常做成凤凰、孔雀的形状。从湖南长沙左家塘曾出土秦代一件有七叉的骨簪上,可以了解这种发饰的形制。

华胜是一种制成花草之状插于髻上或缀于额前的装饰。汉代在华胜上贴金叶或贴上翡翠鸟毛,使之呈现闪光的翠绿色,这种工艺称为贴翠。

湖南长沙马王堆1号西汉墓轪侯利苍的夫人辛追的发髻,做髻时于真发末端加接假发,梳成盘髻式样,上插3

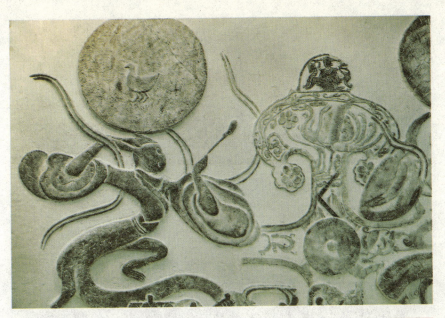
■ 汉代女舞者画像砖

枝梳形笄，分别为长19.5厘米、宽2厘米，有11个梳齿的玳瑁笄，长24厘米、宽2.5厘米，有15个梳齿的角笄和用20枝竹签分三束。再在距顶端1.7厘米处用丝线缠扎而成的竹笄，笄头有朱绘花纹。前额及两鬓有长宽约1厘米、厚0.2厘米，涂朱或朱地涂黑、镶金或侧面贴金叶的木花饰品，这就是当时用金属丝编连起来作为额前装饰的华胜。

汉代妇女还有一种圆形加双耳的华胜，江苏邗江汉墓曾出土的东汉画像中的西王母便戴有此物。

古代梳妆高大的假髻，必有梳理假髻的得力工具，即梳篦，受到人们的特别重视，制作美观实用。在湖北江陵出土的几件秦代木质彩绘角抵图木篦，呈马蹄形，所绘人物纹样栩栩如生。在湖南长沙马王堆1号西汉墓出土的梳篦以象牙制成，均呈马蹄形，长均8.8厘米，宽均5.9厘米，梳20齿，篦47齿，细密均匀。

辛追（前3世纪—前186年），是长沙国丞相利苍的妻子，育有一子名利豨。于1972年，出土于长沙东郊浏阳河旁的马王堆1号墓。时逾2100多年，形体完整，几乎与新鲜尸体相似，是世界上保存最好的湿尸，也是具体表现我国汉朝上层社会文化、生活的活体见证。

玉玦

在山东临沂银雀山和湖北江陵纪南城出土的西汉木梳,背平直,上面有4个装饰纽。

步摇簪是在簪顶挂珠玉垂饰的簪子,能够化静为动,扩大视觉空间,更加引人注目。常做成树枝状,长长蔓伸,上悬片片金叶。步摇在汉代属于礼制首饰,其形制与质地都是等级与身份的象征。

最早可见的步摇样式,在长沙马王堆1号汉墓出土的帛画中有所反映。画中一名老年贵妇,身穿深衣,头插树枝状饰物,这应是最早的步摇形象。

甘肃武威出土的一件汉代金步摇,披垂的花叶捧出弯曲的细枝,中间枝顶一只小鸟,嘴衔下坠的圆形金叶,其余的枝条顶端或结花朵,或结花蕾,而花瓣下边也坠金叶。

秦汉时期的耳饰饰品有瑱、珰、玦等。西汉后期的玉瑱,呈白色,无光泽,蕈形,一端较大,一端较小,中腰内凹。

洛阳烧沟汉墓出土的琉璃瑱和骨瑱19件,有12件是上小下大、腰细如喇叭形,中间穿一孔的。颜色有深蓝、浅蓝、绿等,半透明。另有7件中部如喇叭形,而上端成锥状,下端呈珠状,身上无孔,无色透明,像玻璃。

珰是圆形发光的饰物。在贵州黔西东汉墓出土的两件以银片制成的圆球状耳铃,下端开口,上端背上焊有直径1.2厘米的小圆环,银光四射,称它为明月珰未尝不可。在河南洛阳烧沟汉墓曾出土的喇叭形玻璃耳珰，同样有发光的功能。

玦是耳环上的饰物。秦汉时期，汉族地区耳环出土很少，在少数民族地区出土的青铜装饰人物中，戴大耳环的形象则常有发现。

颈饰在秦汉时期主要是项链。加工精美的金质项链在湖南长沙五里牌东汉墓出土，它由3种不同形状的193颗金珠串组，第一种50颗是由细小如苋菜籽的金粒分三圈粘聚而成，靠近中圈的金粒稍大。第二种23颗是用小金管联结而成的连管珠，第三种119颗是八方形的珠，此外还有一个花穗形金坠。

同墓还出土11个球形饰件，内有4件是以12个小金丝环相连，在环与环之间又附着3粒小圆珠，有6件系在小金珠上，再以金丝缀饰，并镶有圆珠。

在湖南衡阳出土的椭圆形金珠，珠外用金丝组成精美的花纹。同时还出土了用水晶、琥珀、玛瑙制作的小珠和狮、兔、鸟等飞禽走兽，根据其形制和散落的部位，考古研究者认为这些器物属于同一件工艺品。

总之，秦汉时期的发型仪态万千，发饰发展快速而又丰富多彩，体现了我国古人的聪明才智和美学修养的提高。

阅读链接

据记载：汉武帝时，瑶池王母来会，诸随行仙女之发髻皆异人间，高环巍峨，帝令宫妃们仿效，因此号为"高鬟望仙髻"，然后再饰有各种珠宝，金簪凤钗或步摇，就更显得华丽高贵。

这种高环发型有一至九鬟，是最尊贵的发式，多用来表示神话中之仙女、皇后贵妃与贵族妇女的发型。未出室的少女也可采用，但装饰不宜过分华丽。这种发式在秦汉两代及秦以前颇为盛行，汉代以后多崇为仙女发型，名流仕女也有采用。

秦汉时期的化妆技术

汉代女子面妆

秦汉时期,开始盛行各式各样的面妆色彩,创造出许多颇具特色的眉式。再加上花钿和面靥等装饰的流行,都反映出这一时期女性对美的无拘无束的、更趋于成熟的追求。

先秦时人们已经知道以粉敷面,当时的粉多半用米粉制成。到秦汉时,炼丹术的发展,再加上冶炼技术的提高,使铅粉的发明具备了技术上的条件,并把它作为化妆品流行开来。

铅粉通常以铅、锡为材料,经化学处理后转化为粉,主要成分为碱式碳酸铅。铅粉形态有固体及糊状两种。固体常被加工成瓦当形及银锭形,称瓦粉锭粉;糊状则俗称糊粉水粉。

经过加工的铅粉,粉白细腻,涂之于面,不仅能增白,而且有较强的附着力,故又名"铅华"。

汉代还有爽身之粉,通常制成粉末,加以香料,浴后洒抹于身,有清凉滑爽之效,多用于夏季。

秦汉时期妇女并不以白粉为满足,又染之使红,就是红粉。红粉的色彩疏淡,使用时通常作为打底、抹面。因为粉类化妆品难以黏附脸颊,不宜久存,所以当人流汗或流泪时,红粉会随之而下。

红粉与白粉同属于粉类,但与胭脂不同。胭脂属油脂类,黏性强,擦之则浸入皮肤,不易褪色,因此,化妆时一般在浅红的红粉找底的基础上,再在人之颧骨处抹上少许胭脂。

胭脂的主要原料为红蓝花。红蓝花亦称"黄蓝""红花",是从西域传入我国的。在汉代,红蓝花作为一种重要的经济作物和美容化妆材料,已经广泛地进入匈奴人的社会生活之中,后来又随着匈奴与汉军的交战,红蓝花便传入中原。

除用红蓝花做胭脂外,在江苏海州和湖南长沙早

■ 王昭君塑像

炼丹术 是我国古代炼制丹药的一种传统技术,是近代化学的先驱。我国自周秦以来就创始和应用了将药物加温升华的这种制药方法,为世界各国之最早者。炼丹法所制成的药物分为外用和内服两种,而"神丹妙药""长生不死",则是荒谬的。

期汉墓出土物品中,还发现以朱砂作为化妆品盛放在梳妆奁里。朱砂的主要成分是硫化汞,并含少量氧化铁、黏土等杂质,可以研磨成粉状,用于面妆。

除了铅粉、胭脂和朱砂以外,汉代也有用涂发和润肤的脂泽,涂面的香膏,也可以涂唇。涂了面脂之后,面容则柔滑如细腻平坦的玉石一般,还能使枯悴的头发变得有光泽。

汉代女子颊红,浓者明丽娇艳,淡者幽雅动人。依敷色深浅、范围大小妆制不一。汉代产生了许多妆名,如"慵来妆",衬倦慵之美,薄施朱粉,浅画双眉,鬓发蓬松而卷曲,给人以慵困倦怠之感,相传为汉成帝宠妃赵合德所创。后来唐代女子仍喜模仿此饰,多见于嫔妃宫女。

又如"红粉妆",顾名思义,即以胭脂、红粉涂颊,秦汉以后较为常见,最初多以红粉为之。《古诗十九首》之二便写道:"娥娥红粉妆,纤纤出素手。"

卓文君雕塑

秦汉时期的女子画眉,主要使用这种矿石,汉代时谓之"青石",也称作"石黛"。这个名称从六朝至唐最为盛行。这种矿石在矿物学上属于"石墨"一类,是我国的天然墨,在没有发明烟墨之前,男子用它来写字,女子则用它来画眉。

石黛用时要放在专门的黛砚上磨碾成粉,然后加水调和,涂到眉毛上。后来有了加工后的黛块,可以直接兑水使用。

秦汉时期的眉妆式样有八字

眉、蛾眉、远山眉、长眉、阔眉、惊翠眉和愁眉等，其实也只是梳妆时着色的多样变化而已。

八字眉在西汉以汉武帝为首，汉武帝曾令宫人画八字眉，后历代相沿袭。眉尖上翘，眉梢下撇，眉尖细而浓，眉梢广而淡。以其双眉形似"八"字而得名。

蛾眉在东汉明帝时为最盛行，据史载，"明帝宫人，指青黛蛾眉"。有了帝王的提倡，很多人对女子的妆饰重视起来。

另一位汉代大才子司马相如也是一位"眉痴"，其辞赋中有很多描写眉的名句，他结识的爱人卓文君，也是一位属于明媚皓齿的绝世佳人。《西京杂记》说："司马相如妻卓文君，眉如远山，时人效之，画远山眉。"可见修眉的风气在两汉相当盛行。

汉朝宫装仕女人偶

除了以上所提的八字眉、远山眉和蛾眉外，当属长眉最为流行。长眉是在蛾眉的基础上变化而来的，它的特点是纤巧细长，湖南长沙马王堆汉墓出土的木俑脸上即是长眉入鬓。

除长眉外，汉代女子也曾画过阔眉，又称广眉、大眉，据说这种风气首先出自长安城内，后传遍各地。谢承的《后汉书》里就载有"城中好广眉，四方画半额"的俗语，甚至出现"女幼不能画眉，狼藉而阔耳"的滑稽场面。

汉代还流行过一种惊翠眉，但很快被梁冀之妻孙寿发明的"愁眉"取代了。愁眉脱胎于八字眉，眉梢上勾，眉形细而曲折，色彩浓重，与自然眉相差较大，因此需要剃去眉毛，画上双眉。后世常用以形容女子发愁的样子，谓之"愁蛾紧锁"。

古人画眉虽然经常剃去眉毛，然后再描画，但也不尽然，也有不剃眉的，如东汉时期汉明帝之马皇后端庄秀丽，《东观汉记》中记载："眉不施黛，独左眉角小缺，补之如粟。"

点唇之俗最迟不晚于汉代。唇脂的实物，在江苏扬州等地西汉墓葬中都有发现，尽管在地下埋藏了两千多年，但色泽依然艳红夺目。

我国古代女子点唇的样子，一般以娇小浓艳为美，俗称"樱桃小口"。为此，她们在妆粉时常常连嘴唇一起敷成白色，然后以唇脂重新点画唇形，唇厚者可以返薄，口大者可以描小，例如湖南长沙马王堆汉墓出土的木俑的点唇形状就十分像一粒倒扣的樱桃。

秦汉面饰有一种可以粘贴在脸面上的薄型饰物，这就是花钿。花钿，亦称面花或花子，大多以彩色光纸、云母片、昆虫翅膀、鱼骨、鱼鳔、丝绸、金箔等为原料，制成圆形、三叶形、菱形、桃形、铜钱形、双叉形、梅花形、鸟形、雀羽斑形等诸多形状，色彩斑斓，十分精美。当然，也有直接画于脸上的。花钿一般特指饰于眉间额下的饰物。

面靥也是秦汉面饰之一。面靥，又称妆靥。靥指面颊上的酒窝，因此面靥一般指古代女子施于两侧酒窝处的一种饰物。

阅读链接

汉代以来，汉、匈之间有多次军事厮杀，如汉武帝三次大规模的反击，匈奴右部浑邪王率4万人归附汉朝；公元前51年，呼韩邪单于臣属于汉朝；公元48年，驻牧于南边的匈奴日逐王比率众到王原塞归附。再加上民间交往的日益频繁，都为汉、匈两个民族文化习俗的交流与融合提供了客观环境。

胭脂的制作、使用和推广，正是在这种大交流的历史背景下传入汉朝宫廷和汉朝与匈奴接壤的广大区域的。

魏晋南北朝服饰纹样

魏晋南北朝时期，老庄思想的道法自然和佛道思想的随缘随意成为社会主流意识，表现在服饰上，宽衣博带成为上至王公贵族下至平民百姓的流行服饰。同时，各民族的相互融合，也给了各民族在服饰

南北朝时期杂裾垂袖女服

国子助教 晋以后，国子学中设博士、助教。唐朝制度，国子监分设六馆，每馆均设博士及助教。明、清两代的国子博士等于虚设，国子监六堂教导之责，均由助教担任。清制助教为从七品官，与博士品秩相等，而名位略低。

上互相影响互相渗透的机会。在这样的大背景下，这一时期的服饰纹样从内容到形式上都发生了空前的变化。

魏晋南北朝时期的服饰纹样，见于文献记载的有很多。比如，东晋国子助教陆翙在《邺中记》中记有大登高、小登高、大博山、小博山、大明光、小明光、大茱萸、小茱萸、大交龙、小交龙、蒲桃文锦、斑文锦、凤凰锦、朱雀锦、韬文锦、核桃文锦等多种服饰纹样；东晋文学家王嘉在志怪小说集《王子年拾遗记》中也记有云昆锦、列堞锦、杂珠锦、篆文锦、列明锦等纹样。

此外，还有北宋李昉、李穆、徐铉等学者奉敕编纂的著名类书《太平御览》中记有如意虎头连壁锦；西晋史学家陈寿在《三国志·魏志·东夷传》中记有绛地交龙锦、绀地句文锦；唐代史家李百药在《北齐书·祖珽传》中记有联珠孔雀罗等。

这些服饰纹样的锦名，有一部分纹样是承袭了东汉的传统，有一部分则是吸收了外来文化的结果，如联珠孔雀罗就是。孔雀罗是指织品的孔雀纹样，也指织品本身具有孔雀羽般亮丽的色彩。同为丝织品，罗比较轻软稀薄，与带彩色花纹的锦还是有些区别的，但大

■ 南北朝时期宽袖对襟女衫长裙

体可以通用。

南北朝时就出现了联珠孔雀罗。北齐祖珽是并州仓曹参军，家财丰饶，曾经一下子拿出数十匹孔雀罗，作为重礼，送给他人。并州是山西太原的古称，可见孔雀罗当时产于太行山之东。罗上的联珠纹则受外来文化的影响，源于波斯的萨珊王朝时期。

■ 南北朝时期贵族服饰

根据各地出土南北朝时期的纺织品实物和敦煌莫高窟壁画的纹样来看，大凡东汉式的传统纹样，南北朝时期画工的技巧反而不及东汉精美，反映了东汉时期装饰风格由盛及衰的演变过程，装饰文化同样随着时代的发展而日新月异。

外来的装饰题材大大补充了魏晋南北朝时期的装饰纹样。它们包括：具有传统风格的山云动物纹；具有几何图形特点的动物纹或花叶纹；具有古代阿拉伯国家装饰纹样特征的圣树纹；具有佛教色彩的天王化生纹；具有少数民族风格的圆圈与点等。这些纹样的共同特征是对称排列，动势不大，装饰性强。

一是传统的汉式山云动物纹。山云纹如山之起伏，云绕其间，后来也有称为"波曲纹"的。动物纹是动物皮毛上的纹路，是动物与生俱来的纹路，动物纹既是一种动物的标志，用于区别其他动物，又是动

类书 我国古代一种大型的资料性书籍，是采撷群书，辑录各门类或某一门类的资料，随类相从而加以编排，以便于检索、征引的一种工具书，例如《太平御览》《古今图书集成》。古代的类书与经、史、子、集密切相关，工具性、百科性特征十分明显，而不是什么"杂抄"。

> **忍冬纹** 寓意纹样。忍冬为一种蔓生植物，俗呼"金银花""金银藤"，通称卷草，其花长瓣垂须，黄白相半，因名金银花。凌冬不凋，故有忍冬之称，又称卷草纹。忍冬纹是魏晋南北朝流行的一种植物纹，寓意人的灵魂不灭、轮回永生。

物的一种伪装，用于保存自己。动物纹被人类所应用，出现许多动物纹织物和动物纹器具。

山云动物纹样盛行于东汉，紧凑流动的变体山脉云气间，分列着奔放写实的动物，并于间隙嵌饰吉祥文字。

在新疆民丰尼雅遗址出土的一批魏晋时期的衣物中，有一件"五星出东方利我国"铭文的山云动物纹锦护膊，仍然保持了汉代传统风格，十分珍贵。

二是利用圆形、方格、菱形及对称的波状线组成几何骨骼，在几何骨骼内填充动物纹或花叶纹。

此类纹样在汉代虽已有之，但未成为主要的装饰形式。汉代填充的动物纹造型气势生动，南北朝填充的动物纹则多呈对称排列，动势不大，多为装饰性姿势。汉代填充的花叶纹多为正面的放射对称型，南北朝填充的花叶纹则有忍冬纹等外来的装饰题材。

三是圣树纹。它是将树形简化成接近一张叶子正视状的形状，具有古代阿拉伯国家装饰纹样的特征，7世纪初伊斯兰教创立以后，圣树成为真主神圣品格的象征。

圣树纹是一种富于象征或寓意性的植物纹，属于阿拉伯国家装饰纹样中植物纹的一种。它不依自然界的真实植物为表现对象，如对棕叶卷草纹的表现，就演变成一种富有流

■ 南北朝时期大袖宽衫

动感的抽象卷草。南北朝时期，伊斯兰教已经开始在我国传播，因此象征着真主神圣品格的圣树纹也反映在当时的装饰纹样中。

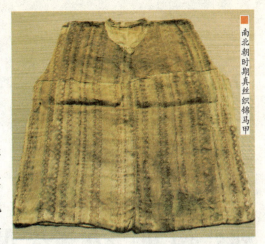

南北朝时期真丝织锦马甲

四是天王化生纹。纹样由莲花、半身佛像及"天王"字样组成，按照佛教说法，在欲界六天之最下天有四天王，凡人如能苦心修养，死后能化生成佛。魏晋南北朝时期佛教思想盛行，因此在服饰上也多有体现。

五是小几何图形纹、忍冬纹和小朵花纹。此类花纹是由圆圈与点子组合的中小型几何图形纹样及忍冬纹，它对日常服用有极好的适应性，对后世服饰纹样影响很深。从形式上看，也是秦汉时期所未见过的。它的流行当和西域"胡服"的影响有关。

总之，魏晋南北朝时期的民族融合和中外交流，异质文化与汉族文化的相互碰撞与相互影响，在服饰的纹样方面有鲜明的反映，因而促使我国服饰文化进入一个新的发展时期。

阅读链接

沿着丝绸之路向东传播的忍冬纹，历来被认为是源于希腊并取材于中国人十分喜爱的忍冬花。

古代西亚和中亚盛行的"生命树"崇拜，形成了理想化的"圣树"，其中类似葡萄、有枝叶和结有丰硕果实的卷叶纹样就成了象征"生命树"的忍冬纹。它们随着中亚地区曾经十分兴旺的佛教和祆教经由丝绸之路流入中原，既是南北朝时期流行的"胡饰"，也是佛国天界和净土的象征。

魏晋南北朝女子发型

顾恺之塑像

　　魏晋时期，汉代女子的垂髻已不再流行，巍峨的高髻开始在女子的发式中独领风骚，而且多喜把头发盘成环状。或一环，或数环，然后高耸于头顶，做凌空摇曳状。汉代流行的"垂髾"此时依然盛行，与此时的飘逸长鬓相搭配，把那种飘飘欲仙、秀骨清像的时代气质演绎得淋漓尽致。

　　这一时期的高髻样式多种多样，其中较为奇异的有灵蛇髻、飞天髻、螺髻、惊鹤髻、撷子髻、十字髻等。

　　灵蛇髻是在发髻挽起时将头发掠至头顶，编成一股、双股或多股，然后盘成各种环形。因其样式扭转自如，似游蛇蜿蜒蟠曲，故以"灵蛇"命名。这种发式相传为魏文帝皇后甄洛所创。东晋画家顾恺之《洛神赋》图中的洛神，即梳这种发髻，后来的"飞天髻"，便是在此基础上演变而成的。

飞天髻始于南朝宋文帝时，初为宫娥所创，后遍及民间。这种发髻梳挽时也是将发掠至头顶，分成数股，每股弯成圆环，直耸于上。由于飞天髻酷似佛教壁画中的"飞天"形象，故名。

螺髻因形似螺壳而得名，在北朝女子中非常流行。因北朝崇尚佛教，根据传说，佛发多为绀青色，长一丈二，向右萦绕，做成螺形，因而流行，不少人把头发梳成各种螺式髻。麦积山塑像和河南龙门、巩县北魏北齐石刻中的进香人和宫廷贵妇头上，以及《北齐校书图》中女侍的头上，均梳着各种螺髻，这种发式至唐代尤为盛行。

惊鹤髻兴于北魏宫廷，"魏宫人好画长眉，今多作翠眉惊鹤髻"就是对惊鹤髻的生动写照。这种发髻曾流行于南北朝，至唐及五代时期仍盛行不衰。新疆库木吐喇45窟壁画《散花飞天》中的女子形象，其发髻便是典型的惊鹤髻。头上发髻被描绘成两扇羽翼形，似鹤鸟

南北朝时期丫髻俑

> 贾南风（256年—300年），即惠贾皇后，小名峕，平阳襄陵人，位于后来的山西襄汾东北。她是西晋时期晋惠帝司马衷的皇后，贾充的女儿。貌丑而性妒，因惠帝懦弱而一度专权，是西晋时期"八王之乱"的始作俑者之一。

受惊，展翅欲飞。

撷子髻为晋代女子的一种发髻。相传为晋惠帝皇后贾南风首创。这种发式是编发为环，以色带束之。撷子，意谓套束；其音"截子"，当时人谓之陷截迫害太子之意。此发式并没有流传开来，只是一时的新奇。

十字髻在晋时也很流行。这种发式是先在头顶前挽出一个实心髻，再将头发分成两股各绕一环垂在头顶两侧，呈"十"字形，脸的两侧还留有长长的鬓发。

起源并流行于魏晋南北朝时期的女子发式总类繁多，争奇斗艳。史籍中提及的还有反绾髻、盘桓髻、芙蓉髻、太平髻、回心髻、双髻、飞髻、秦罗髻等。

其中的反绾髻是将头发反绾于顶，不使蓬松下垂，便于活动时保持姿态轻捷。而盘桓髻的梳编法是将发蟠曲交卷，盘叠于头顶上，稳而不走落，称为盘桓髻。

■《洛神赋》局部

由于魏晋南北朝时期的女子喜好挽高髻,假发的使用也变得非常普遍,成为这一时期女子最喜爱的梳妆方式。

假发自周至汉,多只限于宫廷贵妇,而魏晋南北朝时期,假发则开始风靡全社会,上自妃后,下至贫女,莫不戴之以为美饰,这在历史上却属鲜见。假发如同日用品,可以借用,其盛况可知。

由于假发风靡社会,于是便成为一种商品,一些贫家女子会截下秀发以换取钱财。一头秀发能卖多少钱,史书上亦有例证。如东晋名将陶侃贫贱时,其母湛氏为招待范逵,将头上长发"下为二髲,卖得数斛米"。又如齐建元初,虎贲中郎将刘彪对异母杨氏不孝,与杨别居,杨死又不殡葬,这时有一女子大义相助,乃剃发入崇圣寺为尼,改名慧首,卖发得"五百钱为买棺"。

虎贲中郎将 是汉朝官职,相当于后来的锦衣卫、禁卫军等保卫皇帝及京畿卫戍部队的指挥官,其职责是指挥汉朝的虎贲骑兵。三国时基本沿袭这一制度,被东晋哀帝废止。南朝宋时复置,齐、梁、陈及北魏、北齐沿置;唐时避讳,或称武贲中郎将;五代十国时期的魏、晋、宋为第五品;梁为五班;陈为七品;北魏、北齐均为第六品。

《女史箴图》局部

魏晋初期的女子仍沿袭东汉末年的鬟发样式,把鬟发理成弯曲的钩状,但随之又有许多变化,出现了长鬟、阔鬟和薄鬟。

进入南北朝后,女性喜爱将自己的鬟发留长,下垂不仅过耳,而且长至颈部,有的甚至被搭于两肩。更有一些别出心裁的女子,将自己的发梢修剪成分叉式,一长一短,左右各一,远看似扎着两条飘带,可与身上那长长的披帛相映成趣。

除了流行飘逸的长鬟外,还流行阔鬟,即宽大的鬟式。这种鬟式有鸦鬟、缓鬟之分。

鸦鬟是梳时将鬟发整理成薄片状,两头高翘弯曲,形似鸦翅。发髻部分窄而高耸,宛如鸦首,整个造型酷似展翅欲飞的雏鸦,故名。这种鬟式,始于六朝时期,至唐时大兴,多用于年轻女性。后来引申为女子鬟女的一种代称。

缓鬟也属于阔鬟的一种,可以将两耳遮住,并与脑后的头发相连。梳这种鬟发的女性,多为王公贵妇,她们除了饰以缓鬟外,还要配上假发作为"倾髻",以达到雍容华贵的效果。

在历代女子鬟饰中,最引人注目的当是一种薄鬟了,所谓薄鬟,即以膏沐掠鬟,将鬟发梳理成薄片状,紧贴于面颊。因其轻如云雾,薄如蝉翼,因此又名"云鬟""雾鬟""蝉鬟"。

这种鬟式出现于三国时期,相传为魏文帝曹丕宫人莫琼树所创。

直至唐宋时期，仍然盛行不衰。南朝梁简文帝便曾赋诗，其中有"妆成理蝉鬓，笑罢敛蛾眉"句。

魏晋时期的薄鬓一般多成狭窄的长条，下垂于颈。东晋画家顾恺之的《列女仁智图》中，就有不少妆薄鬓的贵妇。南北朝时，因受缓鬓、倾髻的影响，鬓发面积逐渐扩大，并朝两边展开，形如蒲扇。

此外值得一提的是，魏晋南北朝时期，女子的锦履与其发式交相辉映，也是一道惹眼的亮丽风景。这一时期的女子多穿履、靴等，有皮履、丝履、麻履、锦履等。凡娶妇之家先下丝鞋为礼。

鞋子的形式有风头履、聚云履、五朵履。宋有重台履；梁有分梢履、立凤履、笏头履、五色云霞履；陈有玉华飞头履；西晋又有鸠头履。有的以形式定名，有的以色饰定名。

其中各种履并非都是妇女所独有，如风头、立凤、五色云霞、玉华飞头等属妇女所穿；重台履是厚底鞋，所以男女都穿，因为南北朝时男足、女足无异样。

还有加以绣文的履，例如西晋文学家陆机的《织女怨》有"足蹑刺绣之履"句，梁时史学家和文学家沈约有"锦履并花纹"之说。另外，木屐在当时也为妇女穿着。

阅读链接

魏文帝曹丕有个爱妃叫莫琼树，她美艳动人，更有一双巧手，会梳理一种与众不同的"蝉鬓"发型，就是将面颊两旁近耳边的头发梳成薄而翘起的形状，如丝如缎，若天女下凡，令人遐想。

莫琼树得宠后，结果引起了宫人薛灵芸、陈尚衣、段巧笑的嫉妒，她们联手戏弄莫琼树，假装帮她梳妆打扮，趁她不注意的时候在她的头发上抹了香油。曹丕查明真相后，怒罚薛灵芸等人。此后莫琼树更是春风得意，那头发也梳妆得更加漂亮了。

魏晋南北朝时的首饰

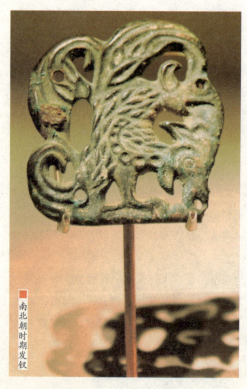

南北朝时期发钗

魏晋南北朝时期的首饰,包括发饰上的簪钗、金步摇、花钿等,服饰上的深衣下摆的三角形装饰、巾子、指环、耳坠、玉佩、金银饰件和带具等。这一时期丰富多样的首饰品种,反映出当时的奢华靡丽之风。

这一时期的妇女发髻形式高大,发饰除一般形式的簪钗以外,流行一种专供支撑假发的钗子。它是由两股簪子交叉组合成的一种首饰,用来绾住头发,也有用它把帽子别在头

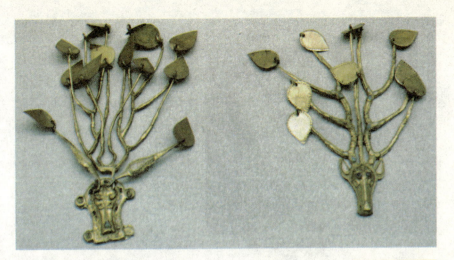

■ 晋代金步摇冠

发上的用法，也有当作发饰的。

古代钗子的材质以金、银、玉、玛瑙等为多。比如贵州平坝南朝墓出土的顶端分叉式银簪银钗，承重的意义大于装饰的意义。又如在江西抚州晋墓出土的金双股发钗，长7.5厘米，一股锥形，一股带钩。还有湖南资兴南朝墓出土的铜双股发钗，双股均为锥形，质朴无华，是固发时用的。

金步摇即金制步摇，始于汉代，是魏晋南北朝妇女的常见发饰，因戴这种发饰活动时发饰会因摇摆，发出悦耳的碰撞声而得名。这一时期出土的步摇实物多见于北方鲜卑族墓中。辽宁北票出土的步摇饰件，状如花树，展开大小枝丫，枝上金环各挂金叶，随步一动，枝摆叶摇，华美无比。北燕的冯素弗墓也曾出土一件完整的步摇冠。

目前发现最多的步摇配件以桃形金片和六瓣花形金饰为主。一般认为，这种桃形金片是步摇上的摇叶。南北朝以后，花枝悬缀摇叶的步摇样式已不流

步摇 古代妇女首饰。取其行步则动摇，故名。其制作多以黄金屈曲成龙凤等形状，其上缀以珠玉。六朝而下，花式愈繁，或伏成鸟兽花枝等，晶莹辉耀，与钗细相混杂，簪于发上。步摇为我国传统汉民族首饰，西汉时在西域地区有其雏形，进而吸收创新而来，以金银玉石等质地，其形制与质地都是等级与身份的象征。汉代以后，步摇才逐渐被民间百姓所见，才有机会在社会上广为流传。

北魏立羊形金戒

行。魏晋南北朝时期,公卿、列侯、中二千石、二千石夫人,常常头戴绀色丝帛装饰的帽状假髻,插有一尺长的簪珥,为高贵妇女的首饰。簪珥的头部饰黄金龙首口衔白珠,或以鱼须形的耳挖簪为饰。

一般妇女也使用假发作为各种发式,如灵蛇髻、飞天髻、十字髻等。有的更将假发装在假头上以增加其高度,有的使之自然危、邪、偏、侧,以表现妩媚的风姿。发髻上再饰以步摇簪、花钿、钗、镊子,或插以鲜花。少女则梳双髻或以发覆盖额头。

魏晋南北朝时期,传统的深衣在男子中已少有用的。女子深衣也有变化,下摆施加相连接的三角形装饰,就称为髾。在深衣腰部加围裳,从围裳伸出长长的飘带。这种装饰始于东汉,走动时可以起助长动姿的作用。

女子还戴巾子,即东晋国子助教陆翙《邺中记》中所说石季龙常以女骑千人为卤簿仪仗,皆戴紫纶巾,熟锦袴,金银镂带,五纹织成靴。

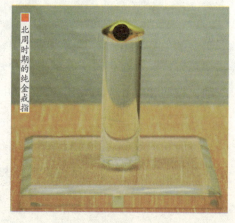

北周时期的纯金戒指

指环在魏晋南北朝时期流行已很普遍,江苏宜兴晋墓和辽宁北票房晋墓出土的金指环,有环面一头窄一头宽,在宽的环面上凿出点纹的,既可装饰,又可在

■ 北魏的镶松石金耳环

缝衣时作为顶针之用。

江苏宜兴周处墓和广州西郊也曾出土钉针。贵州平坝马场南朝墓出土的银指环,外廓作为刻齿状装饰。辽宁北票晋墓出土的1件金指环上,一端戒面有意扩大成长方形,上凿3个相连的矩形托座,托座上镶嵌着3颗宝石,出土时1颗蓝宝石仍附于托座上,另2颗宝石已残缺。宝石周围也凿有花纹,精美华贵。

南京象山东晋早期豪族王氏墓出土一只金刚石戒指,金刚石直径1毫米多,嵌在指环方形戒面上。当时称金刚石为"削玉刀",认为它削玉如铁刀削木。

金刚指环是外国入贡礼品。据《宋书·夷蛮传》记载,428年和430年,天竺曾派使进献金刚指环。

在内蒙古凉城小坝子滩发现了1只戒面雕成兽头形的嵌宝石戒指。呼和浩特美岱村也曾出土1件北魏时期戒面铸立狮的戒指,周身用细小的金珠粒镶出花纹,并嵌有绿松石的装饰。

耳坠在魏晋南北朝时期出土的文物有所发现。在河北定县北魏华塔废址的石函中发现了1对金耳坠,

卤簿 我国古代帝王出外时扈从的仪仗队。国家重大国事活动的典章制度,是集仪仗队、军乐团、舞蹈表演、车辆服务、交通安全、治安保卫等整体规模的成文制度,要根据国事活动的重要级别区分等级而实施。王仪卤簿仅次于上尊号徽号仪等。

■ 包金神兽铁带钩

在耳环上挂着5个用细金丝编成的圆柱,圆柱上挂着5个小金球及5个贴石的圆金片,下部为6根链索,垂有6个尖锤体,长9厘米多。在四川重庆六朝墓中也曾出土蓝色琉璃耳珰。

玉佩也有出土。在江苏南京中央门外郭家山东晋早期墓出土了1件长7.1厘米、宽4.6厘米、厚0.4厘米的玉雕双螭鸡心佩,可能是一种颈饰的玉佩,玲珑剔透,设计新巧。

此外,还有金奔马饰件、金花饰片和金博山等佩饰之物。在内蒙古自治区科尔沁左翼中旗希伯花鲜卑墓出土1件金奔马饰件,高4厘米,长8厘米,链已断,残长13.5厘米,是一种颈饰。

在山西太原北齐娄睿墓出土了一件用金片、金丝、金珠等焊成的金花饰片,繁缛富丽,残长15厘米,是一种头饰。

金博山是帽饰,为身份和权力的标志之一,辽宁北票县北燕冯素弗墓有实物出土。在内蒙古科尔沁左翼中旗希伯花鲜卑墓出土的瑞兽纹金饰牌,通体有椭圆形浅槽,似原有镶嵌物。

娄睿(531年—570年),鲜卑望族,北齐外戚,戎马生涯40年,封南青州东安郡王。因为贪婪无度曾被削官免职,但很快又加官晋爵,步步高升。以后又授大将军、大司马而统领全军。又以太傅、太师兼尚书事、尚书令而成为总领军政大权的重臣,是一个有影响的历史人物。

魏晋南北朝时期的带具也很有特点。自从东汉晚期，腰上所束的革带为了佩挂随身实用小器具的方便，在带鞓上装有銙和环，銙环上再挂几根附有小带钩的小带子，称为蹀躞带。

魏晋南北朝时期的蹀躞带，头端装有金属带扣，带扣一般镂有动物纹和穿带尾用的穿孔，穿孔上装有可以活动的短扣针。蹀躞带的形式也是从西北少数民族流传过来的。

蹀躞带自南北朝流行开来之后，在我国服饰生活中产生了很大的影响，唐代时，天下无分贵贱通用之，并且流传到东方邻国。

此外，考古工作者在洛阳24号西晋墓发现了附有扣针的动物纹镂雕带扣和具有纹饰的带銙；在江苏宜兴周处墓发现1对对称的镂雕动物纹带扣，其中一个附有扣针，长方悬蹄形带銙、悬心形带銙、悬圆角方牌形带銙，是一套完整而华贵的晋代带具。

上海博物馆藏有一块镂雕行龙纹白玉残带具，是带扣对面与带扣花纹对称的饰牌，背面有"白玉衮带鲜卑头"字样铭文，和《楚辞·大招》王逸注"鲜卑，衮带头也"的说法相合，应是战国秦汉带镣的发展。可见当时的民族融合，也带来了服装佩饰上的变化。

阅读链接

汉代步摇的摇叶设计原是受了异域步摇冠的影响，与阿富汗大月氏墓出土的金步摇，在若干细节处理上具有惊人的相似之处。步摇冠在汉代时并没有被我国人所普遍接受，但冠上的摇叶却移用到已有的步摇上，并一直延续到南北朝时期，是六朝贵族妇女喜爱的头饰。

步摇在魏晋时相当流行，东晋画家顾恺之的《女史箴图》也绘出了它的形象。图中步摇皆两件一套，垂直地插在发前，它的底部有基座，其上伸出弯曲的枝条，枝上似有金摇叶。

魏晋南北朝时的化妆

魏晋南北朝时期，人们崇尚精神上的自由和解放，这种时代风潮对容妆产生了很大影响。这一时期，女子们对美抱有强烈的愿望，表现出了高度智慧和艺术鉴赏力，在面妆面饰上更有了大胆的追求。

魏晋南北朝时的面妆相对于秦汉时期，可谓异常多彩。其特点表

■ 魏晋女子舞蹈画像砖

■ 魏晋女子播种画像砖

现在彩妆的异常繁荣上,其中有红妆、白妆、紫妆、墨妆及额黄妆等。

红妆即红粉妆,以胭脂、红粉涂染面颊,秦汉时便已有之。据唐代诗人温庭筠的《青妆录》记载:"晋惠帝令宫人梳芙蓉髻,插通草五色花,又作晕红妆。"这种晕红妆是一种非常浓艳的红妆。

做红妆必然要用胭脂,此时的胭脂较之秦汉时亦有所发展,出现了绵胭脂和金花胭脂。

绵胭脂是一种便于携带的胭脂,以丝绵卷成圆形浸染红蓝花汁而成,妇女用以敷面或注唇。金花胭脂是一种薄片胭脂,以金箔或纸片浸染红蓝花汁而成,使用时稍蘸唾使之溶化,即可涂抹面颊或注点嘴唇。

白妆即以白粉敷面,两颊不施胭脂,多见于宫女所饰。据五代时期马缟所撰历史典籍《中华古今注》记载:"梁天监中,武帝诏宫人梳回心髻,归真髻,作白妆青黛眉。"这种妆式多追求一种素雅之美,颇似先秦时的素妆。

紫妆是以紫色的粉拂面,最初多用米粉、胡粉掺

金箔 是用黄金锤成的薄片。有"红金""黄金"之别,又有"库金箔""苏大赤""田赤金"诸多称谓。金箔的制作工艺一般要经过12个程序。分别是黄金配比、化金条、拍叶、做捻子、落金开子、沾金捻子、打金开子、装开子、炕坑、打了细、出具、切金箔。

> **段巧笑** 三国时代魏国魏文帝时的宫人,甚受魏文帝的宠爱。传说她以原有的化妆品中的米粉和胡粉,再加入葵花子汁,发明了女性化妆用的脂粉。段巧笑的故事在正史里没有记载,许多野史笔记偶尔提及,如晋崔豹《古今注》等。

葵子汁调和而成,呈浅紫色。相传为魏宫人段巧笑始作,南北朝时较为流行。至于段巧笑如何想出以紫粉拂面,以化妆术的经验来看,黄脸者,多以紫粉打底,以掩盖其黄,这是化妆师的基本常识。

北魏贾思勰的《齐民要术》卷五详细记载了紫粉的做法:"用白米英粉三分,胡粉一分,和合均调。取落葵子熟蒸,生布绞汁,和粉日曝令干。若色浅者,更蒸取汁,重染如前法。"这种方法,在唐代以后则掺入银朱,改成红色。

墨妆始于北周,即不施脂粉,以黛饰面。唐宇文氏的《妆台记》记载:"后周静帝,令宫人黄眉墨妆。"可见墨妆必与黄眉相配,也是有色彩的点缀。

除了各种彩妆,魏晋时期各种稀奇古怪的化妆也不少。如曾流行于东汉后期的啼妆,即"以油膏薄拭目下,如啼泣之状",此时依然沿袭。梁简文帝的《代旧姬有怨》诗中云"怨黛愁还敛,啼妆拭更垂",就提及了啼妆这种妆式。

还有一种更为奇特,称为"徐妃半面妆"。顾名

■ 魏晋女子采桑彩绘砖

魏晋女子宴饮画像砖

思义，即妆半边脸面，左、右颊颜色不一。相传出自梁元帝徐妃。

据说徐妃没有容貌和姿质，梁元帝对她比较淡薄，三两年才进一次她的房间。徐妃因而内心愤懑，所以借梁元帝一只眼睛看不见作为讥讽，每当知道梁元帝将来时，必然用头发遮掩半边面孔的，当时叫作"半面妆"，来与他相见。梁元帝每次见到，必然大怒而出。

魏晋南北朝时期使用的化妆品有香泽、面脂等。香泽指的是润发的油膏。香泽和面脂的做法在贾思勰的《齐民要术》中都有详细记载，比如面脂的做法是："合面脂法，牛髓温酒，浸丁香、藿香二种，煎法一同合泽。亦着青蒿以发色，绵滤着瓷漆盏中，令凝。若作唇脂者，以熟朱和之，青油裹之。"

洗面用品除了面脂与香泽外，当时的人还发明了类似今天洗面奶的洗面用品，名为"白雪"，即用桃花调雪洗面，使皮肤光泽研丽。

还有一种类似今天香皂的"化玉膏"。据说以此盥面，可以润肤，且有助姿容。相传晋惠帝时的美男子卫玠风神秀异，肌肤白皙，见者莫不惊叹，以为玉人。其盥洗面容即用此膏。

魏晋南北朝时期，汉代的蛾眉与长眉仍然流行。晋崔豹的《古今注》便写道："今人多作蛾眉。"此时的长眉在汉代的基础上有所发展，不仅仅只朝耳朵的方向延伸，而且是连心眉了。长眉作为一个时

魏晋烹饪砖画

代的审美情趣,兼有复古之情寓于其中。

除了蛾眉,汉时的八字眉此时也依然流行。另外还出现了眉形短阔,如春蚕出茧的出茧眉,南朝诗人何逊的《咏照镜诗》"聊为出茧眉,试染夭桃色"即指这种眉式。还染成发红的夭桃之色,应当属于另类了。

魏晋时期由于连年战乱,礼教相对松弛,而且因佛教传播渐广,因此受外来文化的影响,在眉妆上,打破了古来绿蛾黑黛的陈规,产生了别开生面的"黄眉墨妆"新式样。

面饰用黄,大概是古代印度的风习,经西域输入中国。汉人仿其式,初时只涂额角,即"额黄"。如北周诗人庾信诗云:"眉心浓黛直点,额角轻黄细安。"再后乃施之于眉,在眉史上遂别开新页,尤其是在北周时期最为流行。

魏晋南北朝的唇妆沿袭汉制,以娇小红润为尚。多以红色丹脂点唇,亦称"朱唇"。魏文学家曹植的《七启》中写道:"动朱唇,发清商。"晋文学家左思的《娇女诗》中写道:"浓朱衍丹唇,黄吻澜漫赤。"

除朱唇外,南北朝时还兴起了一种以乌膏染唇,状似悲啼的"嘿唇"。初为宫女所饰,后传至民间,成为一种时髦的妆饰。

魏晋南北朝的面饰有额黄、斜红和花钿。额黄是一种古老的面饰，也称鹅黄、鸦黄、贴黄、宫黄等。以黄色颜料染画于额间，故名。额黄的流行与佛教的盛行有直接的关系。女性或者是从涂金的佛像上受到启发，也将自己的额头染成黄色，久之便形成了染额黄的习惯，谓之"佛妆"。

除了把黄色颜料染画于额头，也有用黄色硬纸或金箔剪制成花样，使用时粘贴于额上的。由于可剪成星、月、黄、花、鸟等形状，故又称"花黄"。严格来说，贴花黄已经脱离了额黄的范畴，更多地接近花钿了。

斜红是面颊上的一种妆饰，其形如月牙，色泽鲜红，分列于面颊两侧、鬓眉之间。其形繁多，立意稀奇，有的还故意描成残破状。犹若两道刀痕，亦有作卷曲花纹的画法。

魏晋南北朝时期的花钿，专指一种饰于额头眉间的额饰，也称额花、眉间俏、花子等，在秦始皇时便已有之。此时特别盛行一种梅花形的花钿，称为"梅花妆"。宫人常常剪梅花贴于额间，后渐渐由宫廷传至民间，成为一时时尚。

阅读链接

在魏晋南北朝时期，流行一种叫作"斜红"的面颊妆，其俗始于三国。五代南唐张泌的《妆楼记》中记载着这样一则故事：

魏文帝曹丕的宫中新添一宫人，名叫薛夜来，魏文帝对之十分宠爱。一天夜里，魏文帝在灯下读书，四周有水晶制成的屏风。薛夜来走来时一头撞上屏风，顿时鲜血直流，愈后留下两道伤痕。但魏文帝对之仍然宠爱有加，其他宫人见而生羡，也纷纷用胭脂在脸颊上画血痕，取名"晓霞妆"，久而久之就演变成斜红。

隋唐时期的服饰纹样

隋文帝杨坚统一天下后,只保持了三十几年的统治,就被唐取代。因此,在历史上,通常把隋和唐两个朝代合在一起,比如广为人知的《隋唐演义》。

隋唐时期社会安定,百业兴旺。在这种环境下,染织业也得到了迅速发展。当时已流行的印染技术有夹缬、臈缬、绞缬、拓印、碱印等,另外媒染剂的开发和利用,促进了印染技术的提高。

隋唐时期染织艺术的发展,在隋唐时期彩塑和出土文物中的服饰图案上有鲜明的体现,它们真实地反映了当时制

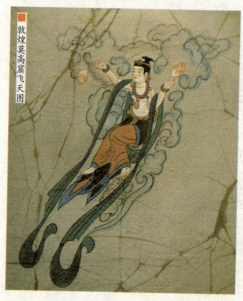

敦煌莫高窟飞天图

作技术革新带来的大唐盛世雍容华贵的装饰风格。

大约于隋代之前已经出现的斜纹经锦和平纹纬锦,流行于隋唐时期。如敦煌石窟中的隋420窟西壁龛口南北两侧彩塑菩萨的图案,在浑厚古朴的色调上描绘金线、白线,表现了飞马奔腾、人兽交战的激烈场面和织物图案的细部特征,恰到好处地丰富了层次关系。

■ 唐代女子服饰

唐代中外交流频繁,不断开拓创新,反映在丝织图案上比隋代更加追求富于多变和华丽清新的气质。如在新疆吐鲁番阿斯塔那唐代墓葬出土了一件精美的红地花鸟纹锦,具有典型盛世唐锦的富丽华美特征:花团锦簇,禽鸟飞翔,祥云缭绕,情趣盎然。其生动的形象、活泼的布局、热烈的色彩,现出一派富贵吉祥的祥和气氛,代表了唐代斜纹经锦的高度水平。

唐代的服饰图案,改变了以往那种天赋神授的创作理念,用真实的花、草、鱼、虫进行写生,但传统的龙、凤图案并没有被排斥,这也是由皇权神授的影响而决定的。这时服饰图案的设计趋向于回归自然,将青山绿水、鸟兽鱼虫展现于装饰图案上,同时表现了自由、丰满、肥壮和华贵的艺术风格。

隋唐时期除政府官员按制度穿用规定花色的官服

敦煌石窟 又名莫高窟,俗称千佛洞,被誉为20世纪最有价值的文化发现、"东方卢浮宫"。坐落在河西走廊西端的敦煌,以精美的壁画和塑像闻名于世。现存已编号洞窟492个,存有北凉至元代的壁画4.5万多平方米。壁画内容有佛像、佛经故事、古代神话,金碧辉煌,绚丽夺目。

▪ 唐代男子服饰

之外，一般生活服装流行图案花式丰富多彩。当时流行的图案纹样有联珠团窠纹、宝相花纹、瑞锦纹、鸟衔花草纹、几何纹等。这些纹样主要表现于唐锦、金银器、陶瓷以及建筑装饰等。

联珠团窠纹的纹样基本骨骼为平排连续的圆形组成作用性骨骼，圆周饰联珠作为边饰，圆心饰鸟或兽纹，圆外的空间饰四向放射的宝相纹。这种形式受波斯萨珊王朝的影响，也是当时出口贸易适销的花样儿。盛行于南北朝至唐代中期。

宝相花纹由盛开的花朵、花的瓣片、含苞欲放的花、花的蓓蕾和叶子等自然素材，按放射对称的规律重新组合而成。灵感来自金属珠宝镶嵌的工艺美及多种花的自然美。

瑞锦纹由雪花的自然形态加工成多面放射对称的装饰形态，寓"瑞雪兆丰年"的吉祥含义。

鸟衔花草纹多为鸾凤、孔雀、大雁、鹦鹉等禽鸟嘴中含着吉祥的瑞草、璎珞、同心百结、花枝等，有的做飞翔状，有的做栖立状。

几何纹有龟甲、双距、方棋、双胜、盘绦、如意等形式。隋唐时期纹样造型丰腴、主纹突出，常用对称构图，色彩鲜丽明快。至五代时期，这一纹样渐趋写实、细腻，如当时成都蜀锦有长安竹、天下乐、雕

唐锦 唐代丝织品。因唐锦变经丝显花为纬丝显花，故又称其为纬锦。其做法是用多种色纬分段换梭法织锦，也有用打纬器将纬丝打紧、打密，使所织的锦花纹突出，纹锦丰富多变，色彩绚丽典雅。唐锦纹饰主要有联珠团窠纹、宝相花纹、瑞金锦、对称纹、散花纹、几何纹以及穿枝花、写生型团花等。

团、宜男、宝界地、方胜、狮团、象眼、八搭韵、铁梗襄荷等，这些花式名称，宋代继续流行，并对明清时期织锦产生了深远的影响。

此外还有散点式小簇花、小朵花，此纹样是取花叶的自然形做成对称形小簇花，呈散点排立，流行于盛唐；穿枝花也称唐草纹，以波状线结构为基础，将花、花苞、枝叶、藤蔓组合成富丽缠绵的装饰纹样，流行于唐、宋、明、清。

在上述流行的纹样图案中，波斯萨珊王朝时期的那种以联珠缀成的圆圈作为主纹的边缘，圆圈内常填以对马纹、对鸟纹、对鸭纹，也有填以波斯式的猪头纹和立鸟纹的纹样图案，被称作联珠纹。

联珠纹是3世纪时兴起的萨珊波斯王朝流行的一种装饰性程式化倾向的纹章艺术，隋时传入我国，唐代很是盛行。《北史·何稠传》上说，隋初波斯来献波斯锦，即联珠纹纬锦，隋文帝命工艺家何稠仿制，何稠仿制的比波斯的还好。到了唐代成为唐锦中最具特色的纹饰，数量也最多，它比同时期其他纹锦类织物的总和还要多，大量外销，名噪一时。

联珠纹常常与团窠纹相结合使用，团窠纹就是现在所称的团花，这是唐代丝织中的一种新产品。这种以圆形为单位元素的装饰图案，

唐代侍女服饰

也是以波斯图案为基础发展而来的，包括人形，动物和形式化叶饰之作的圆形元素。常见于供王室所用的丝织品中。

联珠团窠纹这类纹样多采用对称处理的方法，圆圈内的纹样形式，有我国自己的传统图案，也有受外来影响的图形，在圆圈中可以描绘装饰性的花朵，也可以填充珍禽瑞兽或人物纹样。但以联珠纹为边饰，这是这种纹样的主要特征。

团窠联珠纹样成为唐丝绸纹样的主流，它表现在丝绸上有华贵、饱满的形式感。现出土可见的此类纹样有联珠"贵"字纹锦、联珠熊头纹锦、联珠鹿纹锦、联珠骑士狩猎锦等。

根据对波斯纹样的吸收与发展，唐朝人又创造了带有波斯风格的新样式，此种纹样称为"陵阳公样"。据唐代绘画理论家张彦远的《历代名画记》卷十记载，唐太宗时，益州大行台检校修造窦师伦组织设计了许多锦、绫新花样，如著名的雉、斗羊、翔凤、游麟等，这些章彩绮丽的纹样不但在国内流行，

> **行台** 魏晋至金代尚书台或尚书省临时在外设置的分支机构，又称行尚书台或行台省。有行中书省，即行省，行枢密院，即行院，行御史台，即行台，分别执掌行政、军事及监察权。

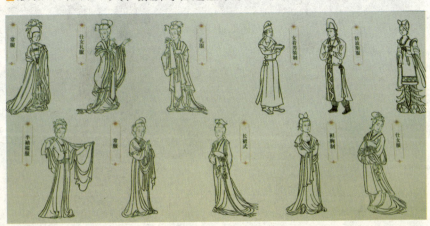

■ 唐代女性服装式样

真丝织锦残片

也很受外国人欢迎。因为窦师伦被封为"陵阳公",所以这些纹样被称为"陵阳公样"。

"陵阳公样"图案是在西方纹样的基础上保持了我国纹样四方连续等传统形式,用环式花卉或卷草代替联珠纹,以我国传统动物主题代替西方神话造型。它突破了六朝以来传统的装饰风格,又吸收了外来营养,富有独创性。以团窠为主体,围以联珠纹,团窠中央饰以各种动植物纹样,显得新颖、秀丽。这一图案很好地展现了华夏土地的文化和艺术魅力,在我国整整延续了数百年之久。

阅读链接

窦师伦是唐代丝织工艺家和画家,曾研究过舆服制度,精通织物图案设计,被唐政府派往盛产丝绸的益州大行台检校修造。他在继承优秀传统图案的基础上,吸收中亚、西亚等地的题材和表现技法,洋为中用,创造出寓意祥瑞、章彩奇丽的各式新颖绫锦,在当时极为流行,被誉为"陵阳公样"。

"陵阳公样"样式多采用成双对称法,布局合理,造型美观,影响范围甚广。如唐永徽四年的对马纹锦和对狮、对羊、对鹿、对凤等纹样,都是其典型代表。

隋唐时期的首饰佩饰

隋唐时期国家强盛，文化发达，风气开放，当时人们是充满自信的，首饰佩饰方面如头饰、颈饰、臂饰、指环和带具等也千变万化。

隋唐妇女头饰花样儿翻新，不仅盛行高髻，以假发补充，而且像汉代巾帼那样做成脱戴很方便的假髻，称为"义髻"。

据说唐玄宗的宠妃杨贵妃常以假髻为首饰，而好服黄裙，时人因之语曰："义髻抛河里，黄裙逐水流。"

在新疆吐鲁番阿斯塔纳唐代

唐代仕女头饰

张雄夫妇墓出土一件木胎外涂黑漆的义髻，其底部小孔留有金属簪的锈迹，此墓出土女俑头上髻式与此相同，上绘精致花纹。该地唐墓出土一件纸胎涂漆描花的头饰，与高高的峨髻相近。

南京南唐陵俑也戴此种头饰，只是省去了繁缛的花纹，出土时称为纸冠，也可能为义髻之一种。此外回鹘髻也是假髻，其巾子则是衬垫头发所用。

■ 镏金银簪钗

隋代发钗呈双股形，有的一股长一股短，以利方便插戴，湖南长沙隋墓曾出土银质镶玉的发钗，钗首作花朵形，名为钗朵。中晚唐以后，安插发髻的发钗钗首花饰简单，另有专供装饰用的发钗，钗首花饰近于鬓花。

晚唐适应高髻的发钗实物发现，仅在江苏丹徒就出土了700多件长达30厘米至40厘米的发钗。在陕西西安、浙江长兴等地也有发现。

西安南郊惠家村唐大中年间墓出土的双凤纹镏金银钗长37厘米，钗头有镂空的双凤及卷草纹。另有镂空穿枝菊花纹钗，都做工精细，形象丰美。

广州皇帝岗唐代木椁墓出土的金银首饰中有花鸟钗、花穗钗、缠枝钗、圆锥钗等，用模压、雕刻、剪凿等工艺制成，每式钗朵都是一式两件，花纹相同而

钗朵 金银钗呈花朵形，称为钗朵。每一钗朵都是一式两件，结构相同而图形相反，以便左右对称插戴，这种金银钗以镂花见胜。运用模压雕刻剪凿等方法，能制作精美花纹，有花鸟钗、花穗钗、缠枝钗、圆锥钗等。

■ 《捣练图》局部

方向相反,可知是左右分插的。

唐代贵妇插步摇簪。陕西西安韦洞墓壁画、陕西乾县李重润墓石刻都有插步摇簪的人物形象。据说唐玄宗李隆基命人从丽水取最上等的镇库紫磨金,琢成步摇亲自给杨贵妃插于鬓上。就是唐代著名诗人白居易在《长恨歌》中描述的"云鬓花颜金步摇",可见步摇簪在妇女装饰中往往起到画龙点睛的作用。

安徽合肥西郊南唐墓出土一件金镶玉长28厘米的步摇,上端像双翅展开,镶着精琢玉片花饰,其下分垂珠玉串饰。另一件长18厘米,顶端有四蝶纷飞,下垂珠玉串饰的银步摇,制作都极精致。

梳篦和宝钗自魏晋时期就开始流行,此风至唐代更盛,而且常用金、银、玉、犀等高贵材料制作。插戴方法,在唐代绘画如张萱的《捣练图》、周昉的《纨扇仕女图》及敦煌莫高窟唐代供养人壁画中均能看到。

《捣练图》所画插梳方法,有单插于前额、单插于髻后、分插左右顶侧等形式。《纨扇仕女图》中仕女插梳方法有单插于额顶、在额顶上下对插两梳及对

> 李隆基(685年—762年),即唐玄宗。唐睿宗李旦第三子,母亲窦德妃。唐玄宗也称唐明皇。谥号"至道大圣大明孝皇帝",庙号玄宗。在位期间,唐玄宗的一系列有效措施使唐朝的政治、经济、文化都得到新的发展,超过了他的先祖唐太宗,开创了我国历史上强盛繁荣、流芳百世的"开元盛世"。

插三梳等形式。敦煌莫高窟第103窟盛唐供养人乐廷瑰夫人花梳插于右前额,旁插凤步摇簪,头顶步摇凤冠。至晚唐和五代,头上插的梳篦越来越多,有多到十来把的。

隋唐时期由于细金加工技术的进步,金银首饰制作空前精致。隋大业年间,周皇太后的外孙女李静训9岁夭亡,葬于西安玉祥门外,随葬器物中有一条金项链,链条系用28颗镶嵌各色宝石和金珠串成,项链上部有金搭扣,扣上镶有刻鹿纹的蓝色宝石,下部为项坠,项坠分为两层,上层由两个镶蓝宝石的四角形饰片紧靠圆形金镶蚌珠环绕红宝石的宝花作为坠座,下层就是坠座下面悬挂的滴露形蓝宝石。

唐代的颈饰从敦煌莫高窟绘画和彩塑佛像上所见,多系项圈与璎珞组合而成,更为豪华富丽。

在隋唐时期的臂饰中,手镯制作华贵精美。陕西西安何家皂唐代窖藏出土白玉镶金玉镯,玉分作3段,每段两头部都有金花绞链相连,可以开启,华贵无比。这件文物与北宋科学家沈括的《梦溪笔谈》所记"两头施转关,可以屈伸,合之令圆,为九龙绕

供养人 是指因信仰某种宗教,通过提供资金、物品或劳力,制作圣像、开凿石窟、修建宗教场所等形式弘扬教义的虔诚信徒。后来,也指那些出资对其他人提供抚养、赡养等时段性主要资助的个人或团体。

唐镶金白玉臂环

> **步辇** 帝王所乘坐的代步工具，通常称为"辇"，本来和车一样是有轮子的。秦代以后，帝王、皇后所乘的辇车被去掉轮子，成为舆，即轿子，由马拉改由人抬，由是称作步辇，更多了一些典雅和休闲的气息。

之"的玉臂钗有异曲同工之妙。

隋唐时普通的手镯，镯面多为中间宽、两头狭窄，宽面压有花纹，两头收细如丝，向外缠绕数道，留出开口可在戴时根据手腕粗细进行调节，摘取方便。这类手镯有金制的，也有以金银丝嵌宝石的，材质和样式不一而足。

唐代还有在手镯内藏经咒护身的风俗，后世认为戴手镯能辟邪、长寿，正是古代宗教思想留下来的传统观念。

四川成都锦江江岸不远的地方有一座晚唐墓，从中发现一件银镯，镯环空心，断面呈半圆形，里面装有一张极薄的佛教经咒印本，印有坐于莲座上的六臂菩萨、梵文的咒文及印卖者的汉字姓名住址。

臂饰中臂钏又名跳脱、条脱，是由锤扁的金银条盘绕旋转而成的弹簧状套镯，少则三圈，多则五圈、八圈、十几圈不等。根据手臂至手腕的粗细，环圈由大到小相连，两端以金银丝缠绕固定，并调节松紧。

隋唐时的臂钏，在陶俑和人物绘画中可见到形象，如湖北武昌周家大湾隋墓曾经出土陶俑，唐阎立本的《步辇图》中抬步辇的9名宫女及周昉的《簪花仕女图》中的贵妇，均戴有自臂至腕的金臂钏。

戴指环是原始社会流传下来的风

■ 《簪花仕女图》局部

唐代银手镯

习，汉魏以来，又成为男女青年寄情定信的纪念品。

隋代丁六娘的《十索诗》云："二八好容颜，非意得相关。逢桑欲采折，夺枝倒懒攀。欲呈纤纤手，从郎索指环。"这个女孩儿可谓开朗大方，竟向情人主动索取信物，可见指环在当时就已经行使着见证爱情的使命。

《全唐诗·与李章武赠答诗》题解中讲了一个故事，说中山的李章武到华州旅游，与一美貌女郎相爱，同居月余，临别时女郎以玉指环相送，并写词曰："捻指环，相思见环重相忆，愿君永持玩，循环无终极。"可见自古以来，指环不仅是一种形式美的装饰，而且是爱情的象征。

隋唐时期，蹀躞带已是男子常服通用之物。因蹀躞带从西北少数民族流入中原，至隋唐而盛行，故在隋唐初期，革带上所系蹀躞较多，盛唐以后减少，少数民族和东西邻国所系蹀躞带较多，汉族所系较少，这是生活方式不同的缘故。

过着游牧生活的少数民族，居无定处，需要随身携带弓、剑、磨刀石、火镰、手巾、针筒、算囊之类的生活器具，带得越齐全，使用时越方便。汉族过着定居的生活，所以没有必要随身携带很多工具，

■ 唐代镶金嵌玉宝石带饰

觿 古代一种解结的锥子，用骨、玉等制成。也用作佩饰，《诗经·国风·卫风·芄兰》中说："芄兰之支，童子佩觿。虽则佩觿，能不我知。"芄兰为蔓生植物，枝条柔弱且弯曲，类似童子的身体。这句话的大意是说，不要以为用上觿，自己就成了大人了。

而且会影响人们的各种活动。

北朝末期和隋唐初期，以蹀躞带上铐的质料和数目多少表示服用者身份高低，最高级的革带装为十三铐，为皇帝及高级大臣所用。

铐的形状有变化，唐太宗赐给功臣李靖的十三环玉带，铐形七方六圆。唐韦端符在《卫公故物记》讲他见到的十三环带，铐形方者7个，挫者2个，隅者6个。十三铐各附环，有笔1个，火镜2个，大觿小觿各1个，筭囊2个，椰盂1个，还有5种东西已亡失。

《唐会要》卷三十一载景云年间令内外官依674年敕，文武官带蹀躞七事，即算袋、刀子、砺石、契苾真、哕厥、针筒、火石袋。后唐马缟的《中华古今注》卷上说唐朝后来规定天子用九环带。

在西安何家村出土的10副玉带中有一副白玉九环

带，九环外有3个三角尖拱形并在底部琢有扁穿孔可系蹀躞的铐。另外，像陕西西安郭家滩隋姬威墓的玉带只有七环，是不完全的带具。

西安唐韦炯墓石椁线刻人物有在革带上佩刀的，但是带上悬挂的蹀躞数目不多。

在西安唐永泰公主墓墓石椁线刻男装宫女的身上所束钿镂带上悬挂的蹀躞反而较多，男装宫女中有一个头梳双髻、身穿窄袖圆领衫、小口裤，平头花履，双手捧方盒的。画面中只看到她身体的正面和左侧面，已看见她腰带上悬有8根蹀躞带，如加上看不见的右侧面所悬数目，应达13根，除腰间有时挂香囊小银铃外，一般不在蹀躞上挂东西，只是一种时髦的装饰打扮。

敦煌壁画中的进香贵族，却具有佩蹀躞七事的形象，可见胡汉习俗的不同。盛唐以后，汉族革带蹀躞渐少，至晚唐几乎不在革带上系蹀躞，只把带铐保留

香囊 又名香袋、花囊，也叫荷包。它是用彩色丝线在彩绸上绣制出各种图案纹饰，缝制成形状各异、大小不等的小绣囊，内装多种具有浓烈芳香气味的中草药研制的细末。古代的香囊是用来提神的，也有用香料来做的，因其香深受很多人的喜欢，后逐步改为纯香料了。

■ 唐代玉带板

■ 唐代青铜腰带带板

下来作为装饰了。

带銙有玉、金、银、铜、铁等不同质地,以玉銙最贵,唐代玉銙有素面的,有雕琢人物动物纹样的。

西安何家村出土的白玉銙分为方圆二式,上雕狮子纹,銙下附环。辽宁辽阳曾出土浮雕抱瓶童子纹玉銙。銙下面开出可直接挂蹀躞带的扁孔,称为古眼。这是后期的形式,这种形式由盛唐流行到辽代前期。玉銙紧密排在革带上的称"排方",排得稀疏不紧的,称为"稀方"。

隋唐时期的首饰发展是整体上的发展,而头饰、颈饰、臂饰、指环和带具的表现,都说明了这一特点。

阅读链接

南唐时期流行的"金镶玉"是指一种特殊的金、玉加工工艺,即在金器上镶嵌各种玉石,有时也指用这种加工工艺制作而成的金、玉器物。

其实,"金镶玉"这个词原指"荆山玉",说的是春秋时期楚人卞和在位于今湖北南漳县境内的荆山发现了一块璞玉,后来楚文王命玉工剖开璞玉,发现里面是一块稀世之宝玉。后来,为了彰显卞和之名,楚文王遂将此玉命名为"和氏璧"。因和氏璧出自荆山,故后人又称之为"荆山玉"。

唐代女子的富丽妆容

唐代政治稳定，经济发展，文化昌盛，是我国封建文明的鼎盛时期，也是我国古代装饰史上最富丽与雍容的时期。

唐代眉式种类繁多，开创了我国历史上乃至世界历史上眉式造型最为丰富的辉煌时代。

初唐女性既画细眉又画阔眉，且阔眉越来越成为女性所追求的时

唐代仕女妆容

■ 唐代女子盛装

尚眉妆,也为整个社会所接受,在多种因素的影响作用之下,孕育着唐代新时代特征的风貌。

柳叶眉,是一种形如柳叶状的眉形,眉形两头尖细,中间较宽。这种娟秀端庄的眉形深受女性青睐,成为初唐妇女日常的基本眉妆之一。

月眉是一种比柳叶眉略宽、比长眉略短的眉式,形状弯曲如一轮新月。初唐女子多喜这种宽而曲的月眉装束。

盛唐时期,国富民强,经济繁荣,女子对自身的装饰也有了更高层次的追求。唐代的眉妆也开始尚阔,这是时代风貌的一种投射。阔眉是比自然眉更为粗阔浓重的一种眉妆的通称。当时流行把眉毛画得阔而短,形如蛾翅或如桂叶。

新月 在农历的每月初一,当月亮运行到太阳与地球之间的时候,月亮以它黑暗的一面对着地球,并且与太阳同升同没,人们无法看到它。这时的月相叫"新月"或"朔月"。因为它的形状弯曲,古人常常用以比喻女子的眉毛。

蛾翅眉的眉形极其短阔，末端上扬，这是开元年间及天宝初最流行的一种阔眉。桂叶眉是比较有代表性的眉形，特点是浓而阔。

为了使阔眉画得不显得呆板，妇女们又在画眉时将眉毛边缘处的颜色向外均匀地晕散，称其为"晕眉"。还有一种是把眉毛画得很细，称为"细眉"。

中唐的眉妆可以说是异彩纷呈，甚至前卫另类得令人咋舌。这与"安史之乱"后人们复杂的社会心理有关，与彷徨迷离、寻求发泄的心理是分不开的。

如八字眉，眉形基本平直，眉心上翘，呈八字状，画状似悲啼。又如血晕妆，将眉毛刮去，然后用红紫色的颜料涂画，形成看上去血肉模糊的效果，可谓眉妆史上最惊世骇俗的一页。

安史之乱 是唐代天宝年间发生的一场政治叛乱，是由安禄山与史思明向统治者发动，同中央争夺统治权的内战。由于发起叛乱者以安禄山与史思明为主，故称安史之乱，也称天宝之乱。对我国后世政治、经济、文化、对外关系的发展等均产生极为深远而巨大的影响。

唐代宫廷妇女八字眉

唐代的眉式纷繁复杂，不可胜数。唐玄宗李隆基在流亡四川的时候还不忘命人绘制《十眉图》，把当时流行的眉式记录下来："一曰鸳鸯眉，又名八字眉；二曰小山眉，又名远山眉；三曰五岳眉；四曰三峰眉；五曰垂珠眉；六曰月棱眉，又名却月眉；七曰分梢眉；八曰逐烟眉；九曰拂云眉，又名横烟眉；十曰倒晕眉。"单看这些名目，就足以想象当时女性竞相描眉、各美其美的景象。

晚唐的眉妆是一个回归。晚唐女子已回归到唐初乃至更早的细眉。晚唐最流行的眉妆是长眉和远山眉。长眉细长，呈现出渐细的趋势；远山眉眉形细长，眉峰上挑，给人远山缥缈的感觉。

以脂粉敷面的做法古已有之，然而与历朝历代妇女相比，唐代女性的面庞格外红。在那个时代，女人们都毫不吝啬地将厚厚的铅粉敷在脸上，再将浓浓的胭脂涂在两颊，直到脸色鲜红，类于酒晕，或类似于桃花。这就是在唐诗中常见的"红妆"。

红妆中最为浓艳者当属酒晕妆，亦称"晕红妆""醉妆"。这种妆是先施白粉，然后在两颊抹以浓重的胭脂。

桃花妆比酒晕妆的红色稍浅一些的面妆，名为"桃花妆"。比桃花妆更淡雅的红妆便是"飞霞妆"，这种面妆是先施浅朱，然后以白粉盖之，有白里透红之感。因色彩浅淡，接近自然，故多为少妇使用。在唐代，飞霞妆成为流行的装饰，翩翩一瞥，尽展风流。

斜红，一般都描绘在太阳穴部位，工整者行如弦月，复杂者状似伤痕。这种面妆属于一种缺陷美，自晚唐以后就逐渐销声匿迹了。

花钿是贴在眉间额前的装饰物，是唐代女子奢华富丽的表现。贴花钿在唐代极为盛行，各种出土文物及传世画作上的唐代女子大都贴有花钿。她们常以金箔片、黑光纸、鱼腮骨、云母片等裁剪成各种花卉、鸟、鱼纹样，贴在额头，最多还是剪成梅花形。

额黄与花钿类似，也装饰在额头，不过是用颜料涂黄，也称"佛妆"。由于当时佛教盛行，妇女们从给佛涂金中找到灵感，将面部涂黄，这就是额黄，它

■ 唐代仕女妆容

弦月 月分为上弦月、下弦月，这是由于日、地、月三者位置不断发生变化，月相便有盈亏的变化。上弦月和下弦月，蛾眉月和残月的相貌差不多，但它们出现的时间、位置及亮面的朝向是不同的。因为我国农历日期是根据月相指定的，所以我国古代的劳动人民有时靠它来判断农历日期及夜间的大致时间。

是在额部绘画黄色图案或粘贴薄片状黄色饰物。

面靥是在两颊酒窝处施点的装饰。面靥当初是宫女的一种特殊标记，表示不方便接驾，后来流传到了宫外，竟成了一种流行的装饰。面靥一般用胭脂点染成圆点，也有用金箔、翠羽制成的，或做成花卉等图案，成为"花靥"。

此外还有啼妆、泪妆、血晕妆、北苑妆等另类妆面。

唐代女子酷爱点唇，用朱砂混合动物脂膏制成唇脂，为自己妆成樱桃小口，这就是那个时代的美的标准。轻轻一点，将美唇的审美观念发挥到了极致。

除了唇色丰富外，妆唇的形状更是千奇百怪，但总体来说依然是遵循娇小浓艳的樱桃小口为尚。比如，檀口，浅红色唇脂；朱唇，有大红色，亦称"丹唇"；绛唇，唐代妇女还非常喜欢用深红色即檀色或浅绛色点唇，即成"绛唇"；嘿唇，以乌膏涂染嘴唇。

盛唐时代缔造了女性光华艳丽的装饰，无疑是那个时代的骄傲，是时代精神的物化。正如那个时代的鲜明文化，带着极度的自信和奢华，因而在我国装饰史上留下了灿烂的记忆。

阅读链接

长眉取代阔眉的趋势在天宝末年时已显露出来。到了晚唐，已经很少见到盛唐时期的阔眉了，而长眉依然活跃在女性的中间。

李商隐的《无题二首》其一中写道："八岁偷照镜，长眉已能画。"一个八岁小女孩儿就已学着画长眉了，她画的想必是当时比较流行的妆，看到大人画自己才偷偷地模仿。此外，李商隐的诗中还有"长眉画了绣帘开""长长汉殿眉"等句，均描写了这种修长的眉妆。可见，长眉在晚唐还是相当流行的。

唐代妇女的发型式样

在我国历代妇女的发型中,唐代妇女的发型式样最为新奇,既有对前代的传承,又有在传承基础上的刻意创新之处。其发型样式之丰富和变化之迅速都是前所未有的。

■ 发型多样的唐代妇女

发型简单的唐代仕女

总体来说,初唐发型呈一种高耸、挺拔之势,且在形式上比较简洁,均无珠翠、发梳等首饰。

盛唐时期,唐玄宗开元、天宝年间,唐代的殷实达到了开国以来未有的高峰,对外关系也达到了顶点。此时妇女的丰硕雍容之态开始体现出来,发饰多浓妆高髻。

盛唐以后,妇女的发型开始发生变化,发髻上的髻叉日益增多。到后来逐渐成为花冠,一直流传到北宋还很盛行。

唐代妇女的发型主要分为髻和鬟。髻为实心,鬟为空心。还有一种发式叫鬓,鬓不是发型,但它是各种发型都需配备的鬓式,因为它可以使发型富于变化而别致。

唐代妇女的发髻有云朵髻、孔雀开屏髻、双环望仙髻、盘桓髻、螺髻、双环垂髻、双丫髻、圆锥抛髻、四环抛髻、抛家髻、垂练髻、圆锥髻,以及反绾髻、堕马髻、高髻等。

云朵髻即发收于顶,梳成云朵状,髻前饰珠翠。这种发式显得丰盈优雅,为唐代有身份有地位的贵族妇女所喜欢。

孔雀开屏髻是将发耸竖于头顶,梳成椎髻,然后用珠翠制成孔雀开屏状,饰于髻前。此发式多为唐代贵夫人所喜用。

双环望仙髻是将发分为两股,用黑毛线或黑带束缚成环,高耸于头顶,髻前饰一小孔雀开屏步摇,髻上珠翠如星。此发式有追求之感、瞻望之状,故称双环望仙髻。流行于盛唐。

盘桓髻先将头发收拢于顶,然后自上盘桓而成。髻前插对梳,髻上饰条形彩珠,显得干练持重,把长发绕在头顶,顶部为平形。这发式西汉时就已在长安妇女中盛行,到唐代仍为宫女和士庶妇女所喜用。

螺髻,亦名翠髻,因其形而得名。梳理时,先将头发用黑丝带束缚起来,在头顶部编盘成螺壳形状即

贵夫人 在封建时代,通常是指年纪大和具有社会地位、非常尊贵或仪表堂堂的女人。唐代贵夫人在装饰方面喜欢孔雀开屏髻,也就是将发耸竖于头顶,梳成椎髻,用珠翠制成孔雀开屏状,饰于髻前。还喜欢一种流行的发式"抛家髻"。

■ 唐代民间女子发式

长安 是西安的古称，从西周到唐代先后有13个王朝及政权建都于长安。盛唐时的长安为当时规模最大、最为繁华的国际都市。长安是我国历史上历时最长、建都时间最早、朝代最多的古都，是我国历史上影响力最大的都城。为我国四大古都之首，世界四大古都之一。

成，并在髻后垂彩色丝带。此发式在初唐时盛行于宫中，古人曾有"螺髻凝香晓黛浓"的诗句，后来也在士庶女子中流行，直到宋、明各代，仍有妇女喜欢。

双环垂髻是将发分为两部分，在头的两侧各盘成上卷下垂环。一般未婚女子或宫女、侍婢、童仆多梳此发髻，据传这种发式在战国时已有，唐代还把它视为未婚女子的标志。在盛唐时最为流行。

双丫髻，亦称双髻丫。先将发收拢于顶，然后分两股向上各扎成一个小髻，髻上饰珠翠花钿等物。一般为侍婢、贫家未婚女子常梳的发式。这发式据传在商代就有了，以后各代有所变化，到唐代从式样上更为讲究，有的还在发髻上饰有珠翠等饰物。

圆锥抛髻是将发收拢于顶，向上盘两卷成圆锥，然后向一侧绕一环呈抛状，这种把椎髻和抛髻结合的发式称圆锥抛髻。头发的一侧插步摇，一侧戴花。为晚唐时长安妇女所常用。

■ 唐代仕女发式

四环抛髻的方法是两鬓不抱面，先将之盘于顶，再分四股，三股直向上盘成三个环，另一股环状较大且向旁成抛状，髻前斜插步摇，抛环上饰珠翠。流行于中晚唐贵族妇女中。

抛家髻的方法是两鬓靠面，头顶再加一椎髻或三个或一个高耸起来的"朵子"，向一端倾斜，呈抛状。多为盛唐和中晚唐贵族妇女所饰。

■ 唐代公主发式

垂练髻的梳理方法是将发分成两边每边下垂后向上折起，然后用红绢缚之，并饰以少许珠翠。流行于中唐。圆锥髻的梳理方法是先用黑带将发束缚，然后盘卷耸竖于顶，并饰一圈珠翠。中唐时盛行于长安妇女中。

反绾髻是梳发于后，编成发辫，由下反绾于头顶的双髻；堕马髻则是将发髻向一侧斜坠落，为已婚中年妇女所喜爱的发饰；倭堕髻是发髻低垂、侧在一边，被认为是堕马髻之延续；高髻则是将头发高耸，矗立于头顶上。

唐代妇女的发鬟，与盘绕实心的髻相区别，鬟是一种盘绕空心的环状形式。鬟为大多数青年妇女所偏

士庶 士人和普通百姓。亦泛指人民、百姓。士人是我国古代文人知识分子的统称，他们学习知识，传播文化，政治上尊王，学术上循道周旋于道与王之间。士人是国家政治的参与者，又是中国传统文化的创造者、传承者。

爱，尤喜双鬟式。

鬟的形式有高低不等，大小不一，既有梳在头顶上，也有垂于脑后的多种样式。比如，云鬟，是一种高耸的环形发型；双鬟，是年轻女子的两个环形发型；垂鬟，多是未出室少女的发型，将发分股，结鬟于顶，不用托拄，使其自然垂下。

唐代妇女的鬓式，有蝉鬓、博鬓。蝉鬓是两鬓的装饰，将两鬓梳得很薄而透明，形如蝉翼，故称。古诗中形容妇女经常有"云鬟雾鬓"之句，薄而透明的蝉鬓与厚而高实的发型结合与对比，使妇女的发型富于变化而别致。

唐末京师妇女梳发，以两鬓抱面，状如椎髻，名曰"抛家髻"，亦称"鬅鬓""凤头"。这种两鬓抱面的髻式，是唐代后期较为流行的一种发式。

博鬓即以鬓掩耳，或往后拢掩半耳，是一种礼仪的鬓式。宫中的后妃要博鬓，贵夫人也须博鬓。

总之，我国古代妇女的发型在唐代出现了极为丰富而精美的样式，发式的创新给人以极高的艺术享受，尤其是唐代妇女对发型的偏爱和重视，可以说达到了登峰造极的程度。

> **阅读链接**
>
> 《簪花仕女图》由唐代周昉所绘，是目前全世界范围内唯一认定的唐代仕女画传世孤本。它的艺术价值也很高，是典型的唐代仕女画标本型作品，是代表了唐代现实主义风格的绘画作品。
>
> 此画描写的是唐代贵族妇女的日常生活，画中5位仕女的发型都梳作高耸云髻，蓬松博鬓。前额发髻上簪步摇首饰花十一至六树不等，鬓髻之间各簪牡丹、芍药、荷花、绣球等花时不同的折枝花一朵。眉间都贴金花子。着袒领服，下配石榴红色或晕缬团花曳地长裙。

千变万化 兼融天下

我国在晚唐之后,社会动荡,佩饰艺术成就不显,而在仅存50年的五代十国之后,宋代佩饰艺术备受人们关注,人们的审美情趣集中在服饰纹样和女子发饰上。两宋时期,不仅锦绣制作的服饰纹样富丽堂皇,而且女子的发型发饰也追求时髦,整体造型给人以清雅、自然的感觉。

辽金西夏服饰纹样、元代服饰纹样,以及元代的男子发型和妇女头饰,出现了较大变化。其中蒙古族在保留本民族装饰特点的同时,在一定程度上受中原文化的影响,体现了中华服饰文化的多民族的合流。

两宋时期的服饰纹样

北宋初年,皇家仪仗队都穿绣锦做的服装。为此,成都转运司设立了成都锦院,专门生产上贡的"八答晕锦""官诰锦""臣僚袄子锦"以及"广西锦"。

北宋皇室规定,对文武百官按其职位高低,每年分送"臣僚袄子锦",其花纹各有定制,分为翠毛、宜男、云雁、瑞草、狮子、练鹊、宝照等。

■ 宋代刺绣官服

南宋时,成都锦院还生产各种细锦和各种锦被,花色更加繁复美丽。这些丝织锦在后来通过商贸等方式逐渐流传到全国,成为知名的传统品种,被称为"蜀锦"。

蜀锦的花纹有组合型几何

纹的八搭晕、六搭晕、盘毯等。这种组合型纹样多出现在南宋时颇具时代特色的织锦上，这种织锦被称为"宋锦"。

宋锦的图案风格、组织结构和织造工艺等已和蜀锦有所区别。它以纬面斜纹显示主体花纹，经面斜纹为地纹或少量陪衬花，其锦面匀整、质地柔软、纹样古朴，大都供装裱之用。

宋代女子服饰

宋锦产于南宋时期的苏州。苏州宋锦、蜀锦和后来明代南京的云锦，并称为我国三大名锦。

宋代服饰纹样的题材比以前更为丰富广泛，宋锦上的图案以龟背纹、席地纹、祥云纹、万字纹、古钱纹等为底，中间穿插龙、凤、朱雀等兽鸟纹样，以及八宝、八仙、八吉祥，还有琴、棋、书、画等图案。

八宝指古钱、书、画、琴、棋等，八仙是扇子、宝剑、葫芦、柏枝、笛子、绿枝、荷花等，八吉祥则指宝壶、花伞、法轮、百洁、莲花、双鱼、海螺等。在色彩应用方面，多用调和色，一般很少用对比色。

宋锦是宋代官服的主要面料，宋锦上的几何填花有葵花、簇四金雕、大窠马打毯、雪花毯路、双窠云雁等；器物题材的有天下乐；人物题材的有宜男百花等；穿枝花鸟题材的有真红穿花凤、真红大百花孔雀、青绿瑞草云鹤等；动物题材的有狮子、云雁、天马、金鱼、鸂鶒、翔鸾等；花卉题材的有如意牡丹、芙蓉、重莲、真红樱桃、真红水林檎等。

宋代院画和文人画的兴起对工艺美术以及当时服饰纹样的影响很深，工笔花鸟讲究精微细刻，栩栩如生，写生就成了必不可少的手

院画 即院体画，或称院体，国画的一种。一般指宋代翰林图画院及其宫廷画家比较工致刻板的绘画风格，或泛指非宫廷画家而效法南宋画院风格之作。这类作品为迎合帝王宫廷需要，多以花鸟、山水、宫廷生活及宗教内容为题材，作画讲究法度，重视形神兼备，风格华丽细腻。

段。而服饰纹样的设计是以清瘦、写实、雅致为造型特征，一反唐朝服饰纹样花形饱满、线条圆润流畅的造型特点。

宋代服饰纹样多以花鸟题材为主要内容，其中折枝花式纹样和串枝花式纹样，以其写实生动、自然和谐、灵动飘逸的整体效果为特色，是宋代审美意识的典型纹样设计。

折枝花式纹样即通过写生手法，截取带有花头、枝叶的单枝，再以写实的外形和生长着的动态作为纹样，形成动与静的审美效果，在织物上的排列是将折枝花纹散点分布，并且十分注意花纹间的承转启合以及相互呼应的布局。

这种构图形式除了具有婉转多姿、生动优美、形象自然的艺术风格之外，还具有简练、秀丽的特点，给人一种古朴秀雅的感觉。

宋代串枝花式纹样有花鸟题材与花卉题材，是在唐代卷草纹样和写生折枝花纹的基础上发展而成的。凤穿百花和百花攒龙等纹样，其组织形式是在平面织物上将众多写实型的花卉纹样呈散点分布，并通过枝、叶、藤蔓等进行蛇形的反转伸展，使单个花纹紧密地连接在一起，构成了四方连续的图像。

■ 宋代节日服饰

串枝花式纹样流畅飘逸的韵律线与写实的花纹，形成了点与线、动与静的对比，使图形纹样既生动自然，又富有意匠之美。

织物纹样在色彩上以质朴、清秀为雅，通常采用低纯度色，色彩一反唐代浓艳鲜丽之色，而形成淡雅恬静之风，打破了唐代以青、碧、红、蓝等浓艳色彩为主的调子，多用浅淡的间色，如鹅黄、粉红、银灰、浅绿、葱白等较柔和的色彩，颇有韵意，显得质朴、洁净、自然、规整，形成了宋代鲜明的审美倾向。

宋代宫廷服饰

宋代服饰纹样在画院写生花鸟画的影响下，纹样造型趋向写实，构图严密，几乎形成了一种程式。对后世也有很大的影响，明清时期的服饰纹样，无论从题材到造型手法，都受宋代花鸟纹样的影响。

阅读链接

北宋初年，曾做台州知州的唐仲友，在家乡开设彩帛铺，既贩卖，又加工，是一个大型的作坊店铺。北宋政府曾经禁止印花工艺在民间使用，但唐仲友开彩帛铺，仍然雕制印花版印染斑缬。此外，宋代洛阳贤相坊染工李装花，是当时著名的印花刻版艺人，能打装花缬，即印花雕版。

唐仲友的彩帛铺和李装花的贤相坊染，是商人兼营作坊或工场的方式，也是当时商业经济发展的实例。它丰富了宋代服饰纹样的题材和内容，在历史上具有一定意义。

宋代女子发型与妆容

宋代妇女发型的主要特点是喜欢高髻，她们为了使自己的发髻变得高一点儿，就在里面掺上假发。据说宋代妇女的高髻还有高达两尺的危髻，这些都是追赶时髦的结果。

宋代仕女头饰

宋代妇女的发式主要是髻，可分为高髻、低髻。高髻多为贵妇所梳，一般平民妇女则为梳低髻。常梳的发髻主要有高冠长梳、三髻丫、朝天髻、同心髻、女真妆、懒梳髻、包髻、垂肩髻、丫髻、螺髻等。

高冠长梳简称冠梳，是高髻的一种。宋代城市经济发达，都市妇女非常喜爱高冠长梳这种发髻式样。都市经济的繁荣使得奢靡之风盛行，反映在妇女的发型上则表现为大都会的妇女特别喜爱高冠大髻大梳上。

冠梳是北宋妇女发型上最有特点的一种装饰。它的种类繁多，其中有一种白角冠配合白角梳使用的冠梳流行于宫中，这种冠很大，有至3尺，有至等肩者。冠是用漆纱、金银和珠玉等制成的，一般很大，有的冠长达3尺，有的和两肩一样宽，冠上插的梳子也很长，而且不止一把。

三髻丫是指梳三髻于头顶。南宋诗人范成大有诗云"白头老媪簪红花，黑头女娘三髻丫"。宋代的少女也梳三髻的髻式，这种发式俏丽、活泼，易于为少女所喜爱。

朝天髻是富有时代性的一种高髻。其做法是先梳发至顶，再编结成两个对称的圆柱形发髻，并伸向前

■ 插梳的宋代妇女

白角 即经过磨制后的白色牛角、羊角，用它制成的梳子叫白角梳。白角冠，即一种插有白角梳的冠，它极受宋代京都贵妇们的推崇。宋朝女子戴冠成为风尚，白角冠便是其中的一种。北宋宫中曾盛行白角冠，人争效之，号内样冠，名曰垂肩、等肩，至有长三尺者。

宋代女子头饰

额。另还需在髻下垫以簪钗等物，方使发髻前部高高翘起，然后在髻上镶饰各式花饰、珠宝，整个发式造型浑然一体，别具一格。朝天髻需用假发掺杂在真发内，所以在当时还出现了专卖假发的店铺。

同心髻与朝天髻有类似之处，但较简单，梳妆时将头发向上梳至头顶部位，挽成一个圆型的发式，再用朝天髻固定。发髻根系扎丝带，丝带垂下如流苏，因此也叫流苏髻或堕马髻。

北宋后期，妇女们除了仿契丹衣装外，又流行束发垂胸的女真族发式，这种打扮称为女真妆。最初时流行于宫中，而后遍及全国。

包髻的做法是在发式造型定型以后，再将绢、帛一类的布巾加以包裹。此种发式的特征在于绢帛布巾的包裹技巧上，将其包成各式花形，或做成一朵浮云等物状，装饰于发髻造型之上，并饰以鲜花、珠宝等，最终形成一种简洁朴实又不失为精美大方的新颖发式。

懒梳髻通常是教坊中女伎于宴乐时所梳的一种发式。垂肩髻顾名思义就是指发髻垂肩，属于低髻的一种。至于丫髻、螺髻，则都是尚未出嫁的少女所梳的发式。

宋代妇女的头饰非常丰富,特别是到了南宋后期,由于禁令松弛,妇女的头饰,尤其是贵族妇女的头饰就更加绚丽多彩了。为了能使自己更加美丽,她们还在发髻的上下左右插上簪钗,常见的簪钗有鸟形、花形、凤形、蝶形等。

宋代妇女崇尚插梳,而且十分普遍,可以说到了如痴如醉的程度。有的时候,由于左右插的梳子过多,在上轿或进门的时候只能侧着头进。这种情况还引起了朝廷的注意,对冠和梳的长度作了规定。宋仁宗曾下诏禁止以白角为冠,冠广不得过一尺,梳长不得过四寸,借以抑制奢侈之风。这种简朴的装饰后来普及到民间,并成为妇女的一种礼冠。

宋代妇女还有戴花冠的习俗,她们头上除了戴冠、插簪以外,还插上各种各样的花,有的是鲜花,有的是假花。当时有一种叫"一年景"的花冠,就是把四个季节的花齐备地插在冠上,很受妇女们的喜欢。

宋代妇女戴的有白角冠、珠冠、团冠、花冠、垂肩等。在发型上插上的有金、玉、珠、翠、花枝、簪子、钗、篦、梳等。

宋代的贵族女子冠饰,在沿袭前世高冠、花冠的基础

教坊 唐高祖李渊置内教坊于宫中,掌教习音乐,属太常寺。唐玄宗时又置内教坊于蓬莱宫侧,京都置左右教坊,掌俳优杂技,教习俗乐,以宦官为教坊使,后遂不再属太常寺。此后凡祭祀朝会用太常雅乐,岁时宴享则用教坊俗乐。宋、金、元各代亦置教坊,明置教坊司,司礼部,清废。

■ 宋代贵族头饰

浮雕 是雕塑与绘画结合的产物，用压缩的办法来处理对象，靠透视等因素来表现三维空间，并只供一面或两面观看。浮雕一般是附属在另一平面上的，因此在建筑上使用得更多，用具器物上也经常可以看到。因为其压缩的特性，所占的空间较小，所以适用于多种环境的装饰。

之上，冠的形状愈加高大，装饰也愈加丰富。冠后常有四角下垂至肩，冠的上面装饰有金银珠翠、彩色花饰、玳瑁梳子等。戴这种高大的冠饰坐轿子时，必须侧着头才能进轿门。

宋代女子妆容极为素洁，妆容淡雅、朴素，所以对宋代的妆容介绍就比唐代少多了，没有了唐代的繁荣奢华、丰富多彩，有的只是自然美。

宋代妇女讲究眉式，戴耳环，不论皇后还是宫女，常把眉画成宽阔的月形，然后在月眉的一端或上或下用笔晕染，由深及浅，向外散开，别有风韵。宋代妇女的耳环，有的用金丝打制成"S"型，一端呈尖状，一端呈薄片，在薄片上浮雕花卉。

宋代妇女戴香囊。青年男女离别时，女方常以香囊相赠，留作纪念。有的用素罗制成，绣有鸳鸯莲花，背面平纹素纱，沿口用双股褐色线编成花穗作为装饰。

宋代妇女外出或成婚，头上都要戴盖头。从反映宋代社会风俗的古籍《东京梦华录》和《事物纪原》上得知，盖头主要有两种：一种是在唐代风帽的基础上改制而成的，用一块帛缝成个风兜，套在头上，露出面孔，多余部分披在背后。有的将布帛裁成条状，由前搭后，只蒙住盖脸

■ 宋代妇女装束

部以及脑后，耳鬓部分显露在外。另一种是一块大幅帛巾，多为红色，在结婚入洞房时女方用它来遮面。

据反映南宋人文掌故的《梦粱录》记载，成亲前三天，男方要向女方赠送一块催妆盖头。是美人还是丑女，揭开盖头才见分晓。盖头的习俗延续了上千年。

宋代镶珠镏金冠顶饰

宋代的花钿样式比较少，但是很精致。宋代妇女对花钿有着特别的喜好，除了用黑光纸剪成各种形状贴在脸上之外，甚至将鱼腮贴在脸上，还给予一个好听的名字——"鱼媚子"。一些追求时髦的妇女更是将额前、眉间贴上小珍珠作为装饰。眉间贴上小珍珠作为饰物，这是由传统梅花妆发展而来的。

宋代妇女也有点唇的习俗，即以唇脂一类的化妆品涂抹在嘴唇上。唇脂的主要原料是"丹"，是一种红色矿物，也叫朱砂，用它调和动物脂膏制成的唇脂，具有鲜明的色彩光泽。宋代唇红的范围比唐代要少很多，显得更加自然。

宋代女子流行画眉黛。远山黛在宋代十分盛行，妆容以清新高雅为主，强调自然肤色及提升气质为主题。不过突出的还是"倒晕眉"，其呈宽阔的月形，而眉毛端则用笔晕染由深及浅，逐渐向外部散开，别有一番风韵。

宋代女子腰间佩饰有很多，玉环是常见一种。在山西太原晋祠圣母殿的宋代彩塑女子就有玉环。宋代服饰尚古，而古代儒家礼仪规定，女子行不得露足，玉环在宋代除了装饰作用之外就被用作女子的

■ 宋代凤鸟形金耳环

压裙之物。一般戴两个，左右各一，压住裙角，防止行走时裙裾散开，有伤风雅。因为这种饰物会限制女子行动，所以又被称作禁步。

玉环这种饰物可以说是为儒家礼仪服务的，从此处也可以看出宋朝人极为重视女子的端庄之美。不能露足，行走时步幅就必须放小，步频放慢，这样走起路来更显端庄。再加上白角冠，会让女子更显端庄、大方。

宋代女子的发饰不像唐代那般华丽盛大，面部之妆也不像唐代那么浓艳鲜丽。总而言之，宋代妇女的整体造型给人一种清雅、自然的感觉。

阅读链接

插梳的习俗很早就有，宋代开始盛行。贵妇们在金银珠翠制成的冠上插上数把白角长梳，左右对称。这种冠饰造价极其昂贵，宋仁宗因为厌恶白角冠的奢侈而下诏禁止以白角为梳为冠，宋仁宗去世后，插梳不但恢复如故，而且更胜以前。

宋代贵妇们如此推崇白角冠，主要是精选的白角经过磨制后制成的梳子呈透明白色，近似琉璃又不似琉璃那样透明闪亮，反倒能把人的眼睛衬托得更加明亮，而且与金银珠翠制成的冠相呼应，便显得端庄而富贵。

辽金西夏的服饰纹样

辽、金和西夏分别是我国北方少数民族契丹族、女真族和党项族建立的政权,游牧民族与中原汉族的多民族大融合,促使中华服饰文化胡汉合流。

在装饰纹样方面,因为汉族的传统纹样题材内容往往具有丰富的政治伦理内涵,这些内涵又恰恰能为巩固封建的政治制度服务,因而为其他少数民族政权所乐于吸收。

契丹族是我国北方一个古老的游牧民族,在其长期的历史发展中,形成了自己独特的草原服饰文化。辽国建立后,由于耶律阿保机思想开明,辽国以其兼容并

契丹渔猎木立俑

■ 珊瑚璎珞胸饰

璎珞 古代用珠玉串成的装饰品，多用于颈饰，又称缨络、华鬘。璎珞原为古代印度佛像颈间的一种装饰，后来随着佛教一起传入我国，唐代时，被爱美求新的女性所模仿和改进，变成了项饰。其形制比较大，在项饰中最显华贵。

蓄、开放吸收的民族政策，广泛与其他民族进行交流学习，吸取其他民族的优秀文化。再加上自身特有的草原文化背景，使辽国的服饰纹样更加丰富，也更具有其观赏性。

契丹族的服饰纹样，从出土的实物来看，有龙、凤、孔雀、宝相花、璎珞等，多与中原汉族装饰纹样的风格相同。

辽代初期服饰以长袍为主，男女皆然，上下同制。长袍的颜色比较灰暗，有灰绿、灰蓝、赭黄、黑绿等几种，纹样也比较朴素。

辽代贵族阶层的长袍，大多比较精致，通体平绣花纹。其中的龙纹是汉族的传统纹样，在契丹族男子的服饰上出现，反映了民族之间的相互影响。

汉服在辽代被称为"南班服饰"。它与契丹族的"国服"也就是北班服饰有所不同。

辽宁法库叶茂台出土的相当于北宋时期辽墓的棉袍，上绣双龙、簪花羽人骑凤、桃花、鸟、蝶，则与北宋汉族装饰纹样风格一致。山西辽墓出土的丝绸如穿枝花鹦鹉璎珞及小团纹牡丹等，形式与北宋相同。

我国曾经展出一件缂丝花鸟纹袍服片幅，这幅缂丝的花鸟纹饰与北宋缂丝紫汤荷花、紫天鹿等风格相近，而其上部作为开光云肩的范围内有一个红色圆形，圆形中饰有一只三足鸟，象征太阳，显然这是承袭了隋唐以来皇帝礼服有"肩挑日月，背负星辰"的纹饰的做法，而这件袍料的纹样布局及整体风格，又与华夏民族的龙袍不同，是辽国国王早期袍服的面料。

金代是女真族建立的政权。金代女真族地域土产的各种野生动物毛皮、珍珠、金为其民族服饰文化提供了丰富的原材料，因此，金代女真族服饰中大量使用珍珠进行针绣图案，并大量使用金锦、印金和金箔贴金绣织物制作衣服和鞋。

金代常服春水之服，绣鹘捕鹅，杂以花卉。秋山之服以熊鹿山林为题材，这与女真族生活习俗有关。

金代仪仗服饰，以孔雀、对凤、云鹤、对鹅、双鹿、牡丹、莲荷、宝相花为饰，并以大小不同的宝仙花区别官阶高低，题材也与唐宋时期汉族装饰图案相类，而图案形式，则与元代相近。

金代女真族贵族对金子崇尚和追求，因此，金代女真族贵族服饰尤以金锦、印金、贴金针绣为荣耀，以金饰品的多少为富贵，以金锦纹样花型的大小决定地位和富贵程度。

金代服饰

西夏的服装面料实物，在银川西郊西夏陵区108号陪葬墓墓室中曾出土一些丝织品残片，其中有正反两面均以经线起花，经密纬疏的闪色织锦，有纬线显花空心"工"字形几何花纹的

西夏王族装束

"工字绫",是一件珍贵的历史文物。

在内蒙古黑水城遗址以东20千米的老高苏木遗址出土了穿枝牡丹纹、小团花纹丝织品残片以及牡丹纹刺绣残片,作风写实,具有民间气息,与宋代装饰艺术作风一致。

内蒙古黑水城老高苏木西夏遗址出土的牡丹纹、小团花纹丝织刺绣纹样及银川西夏陵区出土的工字纹绫纹样,与宋代汉族装饰艺术风格一致。

总之,辽金西夏服饰纹样既受中原汉服纹样的影响,也不同程度地保留了本民族的特色,反映了各个民族之间服饰文化上的交流与融合,在我国服饰史上占有重要地位。

阅读链接

"羽化成仙""长生不死"是古人长期以来就已经形成的生死观,在他们的灵魂深处,得道升仙是尘世生活的最终归宿。我国古典文献对此也多有记载,其中羽人形象的描述也被人们传承与发挥,并且随着时间的推移,在生活的各个方面都有体现。

北宋时期,羽人的形象曾经作为服饰纹样出现在辽国的服装上,其形象变化繁复,头绪纷杂,反映了当时的人们对神人、仙人的认识和对神仙生活的向往,也表达了长生不老的愿望。

元代服饰纹样与佩饰

元代纺织、印染、刺绣等工艺的进步，决定了元代服饰纹样的题材和表现方式。随着社会生产力的发展，元代染织刺绣工艺继宋、金之后又进入了新的发展时期。

元代内廷设官办织绣作坊80余所，产品专供皇室使用。绫绮局、织佛像提举司等官办织绣作坊所绣织的御容像、佛像等，应该是元代织锦业重大发展的代表，而"纳石矢"则是其丝织业的新成就。

"纳石失"最初是由阿拉伯工匠以金丝色线织成，地色与金丝交相辉映，富丽堂皇，故亦名织金锦，对后世织金锦

元代官员服饰

缎的发展有一定影响。

具有悠久历史的蜀锦在元代仍盛行不衰,著名的为蜀中十样锦。绫、罗、绸、缎、绢、纱等各地均有织造,其中缎织物业已成熟,益臻精美,集庆纱、泉缎、魏塘机绢等都是元代丝织名品。

由于元代染织刺绣工艺的发展,使得服饰纹样的效果更为精巧细致。从题材内容和装饰风格上看,元代的服饰纹样大都在承袭两宋装饰艺术传统的基础上发展,只有少数织金锦纹样糅入一些西域图案的影响。

元代王室服饰大多用织金,如织金胸背麒麟、织金白泽、织金狮子、织金虎、织金豹、织金海马。另有青、红、绿诸色织金骨朵云缎、八宝骨朵云、八宝青朵云细花五色缎等。

元代的服装曾先后在内蒙古集宁路故城、山东邹县李裕庵墓、苏州张士诚母曹氏墓等处出土。

内蒙古集宁路元代故城出土的绣花夹半臂,衣长62厘米,两袖通长43厘米,袖宽34厘米,领口深3.5厘米,腰宽53厘米,下摆宽54厘米。用棕色四经绞罗作为面料,衣领及前襟下部用挖花纱缝拼,米黄色绢作为里子,两肩所绣花纹极精细。

绣有坐于池旁柳下看鸳鸯戏水的女子、坐于枫林中的男子、扬鞭骑驴的女子以及莲荷、灵芝、菊、芦草、鹤、凤、兔、

元代女子服饰

鹿、鲤、龟、鹭鸶等鸟兽花草。其余的衣身绣散点折枝花。绣法近于苏绣针法。

山东邹县元李裕庵墓出土的有男绸袍、女斜裙等。

有一件香黄色梅雀方补菱纹暗花绸夹半臂，补内织写实的梅树、石榴树、雀鸟、萱草等，雀鸟栖于树枝上对鸣呼应，极为生动。

女裙为驼色荷花鸳鸯暗花绫制作，由莲花、鸳鸯、红蓼、茨菰、双鱼、四瓣花、水藻等排成满地散点，下衬曲水纹。

■ 元代贵族服饰

香黄色如意连云暗花绸女夹袍，为交领、右衽、窄袖、腋下打裥，后中缝及左边开气，图案为穿枝灵芝间以古钱、银锭、珠、金锭、火珠、犀角、珊瑚等杂宝，花纹单位为宽厘米、长厘米。

苏州张士诚母曹氏墓出土的绸裙和缎裙，图案为团龙戏珠、祥云八宝、双凤牡丹及穿枝宝仙等，基本上继承了宋代写实的装饰风格和柔丽之风。

除此之外，在新疆乌鲁木齐市南郊盐湖1号古墓出土的黄色油绢窄袖辫线袄，肩领袖及襟边所镶"纳石失"，纹样造型粗犷，反映了蒙古游牧民族的审美爱好。这件袄与北京故宫博物院所藏元代红地龟背团龙凤纹"纳石矢"佛衣披肩的图案风格一致。

元代服装佩饰物中的玉佩，继承了前朝的有带

苏绣 汉族优秀的民族传统工艺之一。苏绣的发源地在苏州吴县一带，现已遍布很多地区。清代是苏绣的全盛时期，可谓流派繁衍，名手竞秀。苏绣具有图案秀丽、构思巧妙、绣工细致、针法活泼、色彩清雅的独特风格，地方特色浓郁。绣技具有"平、齐、和、光、顺、匀"的特点。

钩、环、鱼坠等器物，并新兴有带扣、帽钮等。

江苏省无锡市钱裕墓出土的玉带钩是元代早期之物，钩首以阴刻莲花为饰，腹面镂空莲花水藻纹，它是元代绦环的组件。西安市小寨瓦胡洞出土的白玉苍龙教子带钩腹上饰有起凸小螭龙。

这两件腹上均有起凸装饰的带钩，是元代玉钩的新形式，但此件出土玉带钩并无绦环，疑其不够完整。

从元世祖时的掌道教之官冯道真所用的铜带钩、玉环、丝带可知，与带钩相配套的是玉环。冯道真所用玉环为椭圆形。

甘肃漳县汪世显家族墓出土丝带和玉带钩，也是腰束带。此带有钩无环，钩为兽首，腹亦有起凸纹饰，可知钩环组合比较灵活，可因人制宜，不必强求一致。如带钩可配环，亦可不配环，而钩环搭配的北京故宫博物院收藏的白玉龙首带钩环即属前者。

龙首钩的琵琶腹上亦饰镂空茶花纹，与钱裕玉带钩相似；带环饰隐起云纹，首饰起凸升龙，碾工精美，应为元初内廷玉作所制，也是一套不可多得的钩、环齐备的玉带钩环。青白玉螭纹连环带环碾琢精湛，是元代带饰佳作。

安徽省安庆市范文虎墓出土的玉垂云饰、其妻陈氏腹上的玉茄形佩，均为阳文边线，内减平素，属于素面玉饰，使人们便于欣赏玉质的柔美。

元代玉帽顶

青白玉龙首螭纹玉带钩

元朝人喜爱首饰，出土或传世的金银首饰较多，但玉首饰很少。钱裕墓曾有发现，钱裕是五代十国著名的历史人物、吴越王钱镠的后人。其陪葬品有春水玉与玉带钩。

春水玉被列为国家一级文物，为椭圆形，器身遍布黄土沁及灰斑，正面呈弧形隆起，采用镂空透雕制作，雕刻的是当时常见的鹘攫天鹅题材。整件作品以水、荷花、芦苇等为背景，一只天鹅张口嘶鸣，惊恐地展翅潜入荷丛之中隐藏，荷叶上方有一只细身长尾的鹘，正回首寻觅，伺机攫捕天鹅，形象生动，动态十足。

玉带钩的钩首装饰荷花莲蓬，钩身以浅浮雕技法刻画荷花，荷叶和水草的钩颈部曲度较大，呈钩状，以便穿带。

阅读链接

元代立国后，着手建立织造局，有的织造局专门生产"纳石失"，即织金锦，以满足宫廷和诸王、百官的需要。元代还曾将新疆的300多户织金绮工人迁移到弘州，即现在的河北省阳原县一带，建立织局，织造纳石失。另外，还有专门掌管织造皇帝御用领的弘州"纳石失"局等管理机构，可见元代"纳石失"的生产规模之大。

"纳石失"技术反映了元代较高的加金丝织物织造水平，并为明清两代的织金锦、织金缎、织金绸、织金纱、织金罗等多种加金织物奠定了技术基础。

元代男女的丰富头饰

元代虽与金代同好辫发,但辫发样式则大相径庭,上至帝王下至百姓,男子都梳理成一种名为"婆焦"的发式,如同汉族儿童梳理的三搭头的样式。

元代贵族蜡像

■ 元代平民蜡像

婆焦的梳理方法是将头顶正中及后脑的头发全部剃去，只在前额正中及两侧留下三搭头发，正中的一搭头发被剪短散垂，两旁的两搭绾成两髻，悬垂至肩，以阻挡向两旁斜视的视线，使人不能自由地转头向左右"狼顾"，称为"不狼儿"。

髡发也是元代男子普遍梳的发式，其发式梳理方法是先将头顶部分毛发全部剃光，在两鬓或前额部位留下少量头发。还有在前额保留一排短发，耳边的鬓发则自然披散。更有将两边头发梳理成各种随意的发式，做自然下垂状。

在我国历代文献中，关于妇女头饰的记载都多于男子，其原因与妇女的自然属性、头饰的独特风格和华贵装束有关。元代妇女的头饰蒙古语称"包阁塔格"，汉语名称称为"顾姑""故姑""古固"等。

曲回寺 又称罡回寺，位于山西大同灵丘西南曲回寺村。由唐代大禅师慧感创建，是五台山佛寺的下院，与五台山禅宗佛寺有密切的联系，其规模宏大，实为罕见。曲回寺曾经出土大批金饰银器，为了解当时的服饰文化提供了实物资料。

蒙古语称呼与蒙古汗国时期已婚妇女发髻名称有关。据《蒙古秘史》记载，已婚妇女有两种发型，一种是左右梳两辫垂于胸前的发式，称"希布勒格尔"，另一种则是缠在头顶上的发髻，称"包阁塔拉乎"。

在13世纪20年代至40年代，到过蒙古地区的东西方使者和旅行家，如南宋的赵珙、彭大雅、李志常，西方的维廉·鲁布鲁克等，对此均有描述。

其中维廉·鲁布鲁克在《蒙古游记》中对元代妇女的头饰的描述最详细：妇女们也有一种头饰，他们称之为孛哈，这是用树皮或她们能找到的任何其他相当轻的材料制成的。这种头饰很大，是圆的，有两只手能围过来那样粗，有约46厘米至56厘米高，其顶端呈四方形，像建筑物的一根圆柱的柱头那样。这种孛哈外面裹以贵重的丝织物，里面是空的。在头饰顶端的正中或旁边插着一束羽毛或细长的棒，这束羽毛或细棒的顶端，饰以孔雀的羽毛，在它周围，则全部饰以野鸭尾部的小羽毛，并饰以宝石。富有的贵妇们在头上戴这种头饰，并把它向下牢牢地系在一顶兜帽上，这种帽子的顶端有一个洞，是专作此

元代双龙纹金项饰

用的。她们的头发从后面挽到头顶上，束成一个发髻，把兜帽戴在头上，把发髻塞在兜帽里面，再把头饰戴在头上，然后把兜帽牢牢地系在下巴上。

据有关文献资料和传世绘画证实，维廉·鲁布鲁克描述的这种头饰有大、中、小3种，由于妇女所处地位的不同，所戴之"包阁塔格"有大、中、小不同，在礼节性的场合均要戴之。已婚妇女还有涂搽面孔加以装饰的习俗。

元代妇女金首饰多有精品，如山西灵丘曲回寺村出土了一批金饰银器，有金花步摇、缠枝花耳坠、内向双飞蝴蝶簪、牡丹花金耳坠、双凤金步摇等，金银相间，造型之多，令人目不暇接。

其中金花步摇带宝石重4.8克，通长4.07厘米，宽2.56厘米。步摇的纹饰也是由两股花丝掐制的典型缠枝卷草纹，单股花丝直径0.13毫米。

步摇周围环绕着一圈由小金珠组成的鱼子纹，小金珠直径0.5毫米。中心石碗内镶嵌一颗绿松石，缠枝卷草纹的中心有7个小金珠组成的花朵。

步摇的顶端有一个两股素花丝盘绕的金圈，圈径0.46毫米，像系

■ 元代镏金发簪

在某一饰物如"簪"或"钗"上。双侧和底部有5个同样的小金圈。步摇的背面用0.06毫米厚的金片合咬在步摇的大边上，大边则是由7圈巩丝、素丝、祥丝组成。

曲回寺出土的金饰共16件，总重121.38克；银器4件，总重295.83克。首饰有蜻蜓金钗一对、牡丹花耳坠一对、双凤金簪一对、飞天金簪一件、柳斗纹银罐一件、银碗两件、龙首盂一件。这批金银饰品的制作工艺可分为掐丝、錾花、浇铸、打胎等。

这批器物，经多位专家鉴定，基本一致断代为元代，可谓元代金银头饰的代表。这些出土的金饰为元代女子的饰品，距今已有七八百年的历史了。

> **阅读链接**
>
> 1221年，南宋派都统司计议官赵珙出使燕京，与蒙古议事。赵珙把自己见闻的材料著录成书，这就是《蒙鞑备录》。书中记录了蒙古国的军政、官制、风俗、妇女情况等，是研究当时蒙古和幽燕一带历史的重要史料。
>
> 在《蒙鞑备录》一书中，赵珙对蒙古妇女头饰描述道："凡诸酋之妻则有顾姑冠，用铁丝结成，形如竹夫人，长3尺许，用红青锦绣或珠、金饰之，其上又有杖枝，用红青绒饰之。"这些描述为后世了解元代佩饰文化提供了重要的史料。

时尚追求

华彩浓妆

　　明清时期,是我国封建社会发展的鼎盛时期,佩饰艺术也获得了前所未有的发展,呈现出新的气象。明代灵活的服饰纹样,全民佩玉习俗,妇女的头饰,都给人以不同以往的艺术享受。清代服饰图案体系庞大,是我国古代服饰文化中一笔宝贵的财富。尤其清宫后妃的饰物与妆容,达到了内在美和外形美的统一。

　　明清时期的佩饰都有实用、美饰和标志社会地位的作用,只不过古代佩饰更突出实用性,而后世更着重其美化功能罢了。

明代灵活的服饰纹样

明代的服饰纹样，包括皇帝龙袍的纹样，宫中的时令服装花式，服饰纹样中的吉祥图案、动物图案、自然气象纹、几何图形纹样、人物纹样等，其变化有一定灵活性。

明代龙袍

明代龙袍中的衮服主要纹饰为十二章，其中团龙12条，用孔雀羽线缂制，前身、后身各3条，两肩各1条，下摆两侧各2条。日、月、星辰、山川纹分布在两肩、盘领背部下方和肩部。4只华虫在肩部下侧。宗彝、藻、火、粉米、黼、黻织成两行，相对排列于大襟上。

明代龙袍中的4条团龙袍

■ 明代贵族服饰

在前胸、后背、两肩各饰团龙纹1条。胸、背为正面龙,两肩为行龙。袍身还织有暗花。

柿蒂形龙袍在盘领周围的两肩和前胸后背部位划出一个柿蒂形装饰区,用金边标示之。在区内前胸后背各饰1条正面龙,两肩各饰1条侧身龙,方向相向,靠近金边用海水江牙纹为饰。金边以外部位织其他暗花,或在前胸后背及两肩各饰2条行龙。

柿蒂形过肩龙袍在盘领周围的柿蒂形装饰区内饰两条过肩龙,龙头1条位于前胸,1条位于后背,均为正面形,龙身各向肩部绕过。明代称这种形式为"喜相逢"。其他部位织暗花。

明代宫中根据时令变化,换穿不同质料的服装,并吸收民间风俗,加饰象征各个时令的应景花纹。

比如五月初一起至十三的端午节,宫眷和内臣们穿五毒艾虎补子蟒衣。五毒指蝎子、蜈蚣、蛇虺、蜂、蜮。艾虎为口衔艾叶的老虎,寓驱毒辟邪的意思。

团龙 龙纹的一种表现形式,以龙纹设于一个既定的圆内,构成圆形的适合纹样,称为"团龙"。团龙纹饰源于唐代,明清两代多用于皇家建筑。"四团龙""八团龙"为明清的冠服图案,后来又发展为"十团龙""十二团龙""十六团龙"等。

又如八月十五的中秋节，宫中赏秋海棠、玉簪花，穿月兔纹衣服。古代神话说月中有玉兔，故以玉兔代月。

明代服饰纹样中的吉祥图案，利用象征、寓意、比拟、表号、谐意、文字等方法，以表达它的思想含义。

比如象征方法，就是根据某些花草果木的生态、形状、色彩、功用等特点，表现特定的思想。例如，石榴内多子实，象征多子；牡丹花型丰满色彩娇艳，被诗人称为"国色天香""花中之王""花中富贵"，故象征富贵；灵芝可以配药，久服有健身作用，象征长寿。

明代服饰中常见的动物图案有现实性的动物，如兽类中的狮子、虎、鹿，飞禽类中的仙鹤、孔雀、锦鸡、鸳鸯、鸂鶒、喜鹊，鱼类的鲤鱼、鲶鱼、鳜鱼，昆虫类的蝴蝶、蜜蜂、螳螂等，同时还有想象性的动物龙、斗牛、飞鱼、麒麟、獬豸、凤凰等。

明代服饰中的自然气象纹以云纹最突出，云纹有四合如意朵云，四合如意连云、四合如意七窍连云、四合如意灵芝连云、四合如意八宝连云、八宝流云等。雷纹一般作为图案的衬底。水浪纹多作为服装底边等处的装饰，也有作为落花流水纹的。

明代服饰中的器物纹样有很多，比如，灯笼纹是元宵节应景的纹样；樗蒲纹为散排的两头尖削中间宽大的梭形纹样，梭形内常填以双龙、龙凤、聚宝盆等花纹；八宝纹由珊瑚、金钱、金锭、银锭、方

明代缠枝莲灵仙祝寿女夹衣

胜、双角、象牙、宝珠组成，象征富有；七珍纹由宝珠、方胜、犀角、象牙、如意、珊瑚、银锭组成，同样象征富有。

明代服饰中的几何纹样有3种类型：一是八达晕、天花、宝照等纹样单位较大的复合几何纹，基本骨骼由圆形和"米"字格套合连续而成，并在骨骼内填绘花卉和细几何纹。这类花纹只少量用于服饰。

二是中型几何填花纹，如盘绦纹、双距纹、毯路纹等。有一部分用于日常服装。

三是小型几何纹，如方胜纹，为菱形相叠的纹样，古时称之为长命纹。又如四合和四出纹，四合是向心的，象征团聚，四出是离心放射的，象征发展生长等。

明代服饰中的人物纹样主要有仕女、太子、神仙、佛像以及百子图、戏婴图等。总之，明代服饰纹样体现了当时人们的意识观念，随着时代的变化，旧的意识将渐渐失去原有的现实性，而它们所具有的材质、工艺、色泽、形式的美，则将留给后代以无穷的享受。

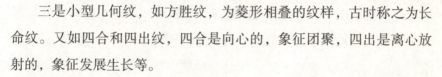

明代服饰龙纹

阅读链接

自古以来，结婚之时新娘的嫁妆中，就有百子图的锦缎被褥，寓意喜庆和祝福，同时祝愿新娘早得贵子、子孙满堂，在送贺礼的亲友中，也会有人送上百子锦缎被面。

明代有一幅《百子图》绘画，曾是明代服饰纹样中人物纹样的重要题材。《百子图》高210厘米，宽170厘米，距今已经有400多年的历史，属于大型缂丝作品，是明代缂丝艺术瑰宝。

明代的全民佩玉习俗

身佩玉器是我国自古有之的传统,明代也不例外。将佩玉看作可以去灾避邪的神器,又以佩玉标榜自己的德行或作为对美好生活的追求,是古人共同的表达方式。同时,佩玉的品种及材料的好坏体现了佩玉者的经济地位以及审美情趣。

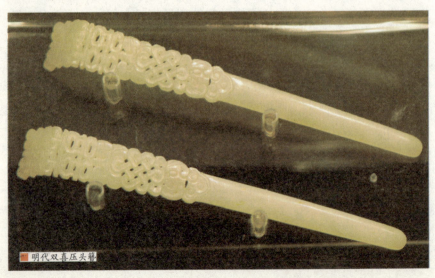

明代双喜压头簪

明代佩玉是全民性的习惯，上自王宫大臣，下至一般劳动者，都有自己的佩玉方式。明代民间流行的佩玉，大致可分为头部玉饰、玉佩坠、腰带饰玉等。

明代男人和女人的头部饰玉各有不同。妇女的玉头饰出现过发簪、钗、梳、步摇嵌玉等。男人的头部嵌玉有冠、帽正等，种类也是很多的。

■ 明代青玉佩饰

帽正为帽子正面嵌的玉饰，使用帽正不仅好看，尚易确定帽子戴时的取向。明人使用的帽正，不外乎玉、宝石、玻璃、金属之类，而其形状的变化又是多样的。现在能确定的明代玉帽正，应为海棠式、长方、椭圆等样式。

明代玉簪的实物，考古发掘中已出现多件。比如上海打浦桥明代顾叙墓出土的明代白玉蘑菇头发簪，长10.6厘米，柱状，一端尖，另一端似蘑菇头，歪向一侧，其外刻有螭纹。

明代人有头部饰玉的习惯，除帽正、发簪外还不断演变出其他样式器物。比如明代士人所戴的方巾，殊形诡制，一巾之上再将片状的玉饰缀于前部，并将玉环缀于头两侧。

而妇女则于头上挂上各种形状的玉件，有的玉件

帽正 又叫帽准，俗称"一块玉"。多为正圆形，上大下小扁而平，底下有象鼻眼，缀在帽子正面。戴帽者对准鼻尖，所以叫帽正。唐、宋、元三代已有流行，明、清两代使用较多。古代有德之士尤其喜欢这种饰物，以玉比德，代表着正人君子的形象。

明代玉佩

上还有山云题、若花题、下长索贯诸器物。

山云题在史书中又称"山题",是头饰组合中的一部分,片状,金属制成,它的一侧为细长的钗,插入发簪中,另一侧或嵌有物件,或用长索贯诸器物,或大或小,随人体动作而摇动。

明代的玉佩坠多悬挂于人身,也可挂于杖头,扇尾当作坠饰。妇女身上有玉佩件,行走时能发出音响,其中有玉云龙霞帔坠、玉佩珰、玉绶花等,这些说明明代人用于人身佩坠玉件的复杂繁多。

明代的腰带饰玉有钩环、带扣、带穿和挂环、带钩等。玉钩环是与玉带钩相搭配使用的环状玉器。如故宫旧藏白玉环托龙戏珠饰件,圆形,中部凸起,中部有横向条纹,为明代风格,加之作品锦纹琢制属明代风格,确定为明代作品不会有疑义。类似的明代作品,故宫旧藏玉器及传世玉器中皆有所见。

带扣是缠带两端的饰件,能起扣合的作用。上海市徐汇区龙华三队明墓出土了一对明代荷雁纹带饰,白玉质,镂雕天鹅并缠枝莲花。两件玉饰图案相同且方向相反,外侧各留有能够穿过丝带的孔。

除一般规格的玉带饰玉外,明代玉带饰玉中还有很多特殊样式,带穿、挂环就是其中的两类。

带穿是革带能从中穿过的带饰，南京吴良墓出土的玉带，俞通源墓出土的玉带，皆在所嵌玉饰中各有两块方框状、中空的玉件，是套于革带之上的，皆光素无纹饰。吴良、俞通源皆为明代初年洪武时人，墓中出土的玉带穿形制应来源于宋元时期。

挂环是附于玉带上可以挂东西的玉环。玉挂环的上部一般呈片状，或钉于带，或穿于带，为玉带饰，下部为环连接于玉带饰之上。

考古发掘到的带挂环的带饰，还有黑龙江金上京遗址出土的玛瑙器、南京明洪武四年汪兴祖墓出土的玉带、江西明益宣王妃棺出土的玉带等。挂环所附玉饰皆片状，团形，后两组可钉于革带。由此可看出，明初、明晚期的玉带挂环，以钉于革带上的作品为主。

玉带钩是明代最常见的玉带饰，它在战国早期开始流行，样式也有多种。从使用来看，带钩主要分为两种，一种为横钩，用来系结绦带；另一种是纵钩，使用时钩头向下，钩挂其他物品。

明代玉带钩的使用，受到了传统玉器的影响，亦分为纵钩及横钩两种，纵向使用的钩是挂钩，横钩主要用于结带。因为玉带钩主要与绦绳配套，所以饰有带板的玉带一般不用玉钩。

阅读链接

叶永盛是明代万历年间的进士，他为官清正，刚正不阿，多次荣获皇帝的褒扬和嘉奖。他曾因珍藏皇帝所赐玉玦而幸免于难。

其时，宦官魏忠贤把持朝政，叶永盛深感大明日趋衰败，便向明神宗辞职。临别之际，明神宗将随身所带之佩玉辟为两半，一半自留，一半交叶，君臣依依惜别。不久，魏忠贤发觉叶永盛与东林党有牵连，于是假传圣旨召叶进京，企图谋害。却慑于叶永盛手中有半边明神宗的佩玉，只得不了了之。

明代妇女发式与发饰

明代仕女蜡像

明代妇女的发式,虽不及唐宋时期丰富多样,但也具有其时代特征。明初女髻变化不大,基本为宋元时的样式。

待明嘉靖以后,妇女的发式起了明显的变化,诸如桃心髻、双螺髻、假髻、头箍、牡丹头等。

桃心髻是明代较时兴的发式,它的变形发式,花样儿繁多,诸如桃尖顶髻、鹅胆心髻、金玉梅花、金绞丝灯笼簪等。

桃心髻是把头发梳理成扁圆形,再在髻顶饰以花朵。以后又演变为金银丝挽结,且将发髻梳高,髻顶亦装饰珠玉宝翠等饰物。

双螺髻的形状类似于春秋战国时期的螺髻,时称"把子",是江南女子偏爱的一种简便大方的发式,尤其是丫鬟梳理此髻者较多。其髻式特点是丰富、多变,且流行于民间女子。

假髻又称鬏髻,是桃花髻的变形发式,为明代宫中侍女、妇人所钟爱,当时有"宫女多高髻,民间喜低髻"之说。

假髻形式大多仿古,制法为先用铁丝编圈,再盘织于头发之上,即成为一种待用的妆饰物。明末清初特别时兴,在一些首饰店铺,还有现成的假髻出售。

■ 明代丫鬟发髻

头箍又名额帕,无论老妇、少女都非常盛行。有人认为头箍是从原"包头"演变而来,最初以棕丝编结而成,初时尚宽而后行窄,为束发用,并兼有装饰性,取窄小一条扎在额眉之上。此装饰物自明代始有。

牡丹头是高髻的一种,苏州流行此式,后逐渐传到北方。明末清初著名诗人尤侗有诗说:"闻说江南高一尺,六宫争学牡丹头。"据说这种发式高大,重者几至不能举首,鬓蓬松而髻光润,髻后施双绺发尾。此种发式,一般均充假发加以衬垫。

明代妇女还在发髻上,根据自己的喜好插有各种挂佩及发簪等。比如明代妇女在假髻上常常戴有云

尤侗(1618年—1704年),字展成,一字同人,早年自号三中子,又号悔庵,晚号艮斋、西堂老人、鹤栖老人、梅花道人等,苏州府长洲人,即现在的江苏省苏州市。明末清初著名诗人、戏曲家。曾被清顺治誉为"真才子";清康熙誉为"老名士"。著述颇丰,有《西堂全集》。

陈洪绶（1599年—1652年），字章侯，幼名莲子，一名胥岸，号老莲，别号小净名、晚号老迟、悔迟，又号悔僧、云门僧，浙江诸暨市枫桥镇陈家村人。明末清初书画家、诗人。一生以画见长，堪称一代宗师，名作有《九歌》、《西厢记》插图以及《水浒叶子》、《博古叶子》等版刻。

髻、莲花冠等，她们最通行的做法，是用髻、云髻或冠，把头发的主要部分，即发髻部分，包罩起来。

明代出嫁了的妇女一般都要戴髻，它是女性已婚身份的标志。未婚女子就不能戴髻，要戴一种叫"云髻"的头饰。如古典言情小说《金瓶梅》中的春梅在只是通房丫鬟的时候，就戴银丝云髻儿、翠花云髻儿，其他3个通房大丫鬟也都戴同样的云髻。

比髻更高一级的是"冠"，这是官宦人家的正室夫人才能享受的特权。因此，"戴珠冠"在当时就成了做诰命夫人的代名词。事实上，明代宫中妃嫔的日常打扮，与民间相差不远，主要只是在材料上更豪华、更奢靡而已。

陈洪绶是明代末年的重要画家，尤其擅长仕女画。他的创作态度认真，随时吸收唐宋绘画的优良传统，而又不断创新，所绘作品勾勒精细，设色清雅，形成一种独特的风格。

《夒龙补衮图》是陈洪绶的代表作之一，画面共

■ 整理发髻的明代贵族妇女蜡像

3个仕女，前面一个年纪稍大，穿着比较华丽，可能是一个贵妇，另外两个年龄幼小，似宫女身份。其中一人手中托着一件衮服。3个妇女的服装，样式基本一致，都是宋代时期的典型装束，有的肩上还搭有云肩。有了这幅画，后人有幸得以了解明代妇女装饰的形象。

明代妇女在腰带上往往挂上一根以丝带编成的"宫绦"，宫绦的具体形象及使用方法在本图中反映得比较明确，一般在中间打几个环结，然后下垂至地，有的还在中间串上一块玉佩，借以压裙幅，使其不至散开而影响美观，作用与宋代的玉环绶相似。

古画上的明代仕女

另外，贵妇的发髻之上还插有簪钗头面，这些都是明代贵族妇女常用的饰物，其质料随人的身份而定。

阅读链接

明代女性的整体造型基本上呈"金字塔形"。这是因为她们下面的裙子一般都追求宽松，这就使得人的整体外形在裙底部位最宽，越往上越向内收缩，而金字塔的顶尖，就收在髻的尖头上。

《明宪宗元宵行乐图》又名《宪宗行乐图》，出自明代宫廷画师之手，画宫廷模仿民间习俗放爆竹、看杂剧的情景。画中的宫妃形象，就是金字塔式造型。她们所戴的髻是圆锥状，顶上是个尖头，造型比一般民间所用的还要夸张，可见明代宫廷妃嫔衣着拘谨和一身"拙趣"。

清代独特的服饰图案

康熙朝服像

清代服饰图案是我国传统服饰文化中的一个庞大的图案体系，以其众多的品种和数量、深厚的思想内涵、独特的艺术表现力，成为我国传统服饰文化艺术领域中一个重要组成部分。

比如清代皇帝的朝服，其纹样主要为龙纹及十二章纹样。一般在正前、背后及两臂绣正龙各1条；腰帷绣行龙5条，折裥处前后各绣团龙9条；裳绣正龙2条、行龙4条；披肩绣行龙2条；袖端绣正龙各1条。

十二章纹样为日、月、星辰、山、龙、华虫、黼、黻八章在上衣上；其余四种藻、火、宗彝、米粉在下裳上，并配用五色云纹。

据文献记载，清朝皇帝的龙袍，也绣有9条龙。从实物来看，前后只有8条龙，与文字记载不符，缺1条龙。其实这条龙是客观存在着，只是被绣在衣襟里面，一般不易看到。这样一来，每件龙袍实际为9条龙，而从正面或背面单独看时，所看见的都是5龙，与"九五"之数正好相吻合。

再如清代补服。补服也叫"补褂"，是清代主要的一种官服，补服中的圆形补子是区分官职品级的主要标志。皇子的龙褂为石青色，绣五爪正面金龙4团，前后两肩各1团，间以五彩云纹。亲王绣有五爪龙4团，前后为正龙，两肩为行龙。郡王绣有行龙4团，前后两肩各1团。贝勒绣有四爪正蟒2团，前后各1团。贝子绣有五爪行蟒2团，前后各1团。

霞帔从宋代以来作为贵族妇女即命妇的礼服，随品级的高低而不同。清代命妇礼服，以凤冠、霞帔为之。清代霞帔演变为阔如背心，霞帔下施彩色旒苏，是诰命夫人专用的服饰。中间缀以补子，补子所绣样案图纹，一般都根据其丈夫或儿子的品级而定，武官的母、妻不用兽纹，而用鸟纹。

清代服饰图案的艺术表现和装饰作用达到了极高的艺术水准。它融合了之前历代服饰图案的精髓，满

■ 清代五福捧寿漳缎织外长褂

九五 九，谓阳爻；五，第五爻，指卦象自下而上第五位。九五代指我国古代的皇帝之位，皇帝乃上天之子，即中有正，古称之为九五之尊。语出《易·乾》："九五，飞龙在天，利见大人。"后以"九五"来代指帝位。

族、汉族和其他少数民族相互影响、相互借鉴，使图案形意结合、指物会意，以及以纯粹的符号形式表现出多元的情感层面。

形意结合是指图案的外形、造型。清代服饰图案的取材多是围绕着民众社会中备受关注的现实问题，习惯将物质的或精神的功利目的视为创作的一种艺术追求。

比如，金玉满堂，金鱼和藻纹填满圆形空间，借"玉"与"鱼"的谐音，"堂"与"塘"的谐音，组成金玉满堂图案，象征富有、幸福，或人才出众、学识渊博。

指物会意是指将人们对某些事物的感受与美好愿望联系在一起，借助某些花鸟、鱼虫等美好事物，以间接隐喻的形式体现对美好理想的追求。

比如，五福捧寿，5只蝙蝠围在一个寿字旁边。古人有"五福"之说，一是长寿延年，二是富贵多财，三是健康安宁，四是积德行善，五是无病而终。表达对人生幸福的追求。

清代被广泛使用的图案还有：鹤、龟、松、柏、桃，喻意长寿；蝙蝠，喻意幸福；并蒂莲花、双飞燕、鸳鸯，喻意夫妻恩爱，永结同心；牡丹，喻意富贵；菊花，喻意千秋；瓶子，喻意平安；葡萄、石榴、莲蓬内多子，葫芦、瓜的藤蔓不断延伸生长，喻意多子多孙、家族昌盛；蝶恋花，喻意男女爱情，等等。

清代补服图案

图腾崇拜是一种原始的宗教形式，是万物有灵信仰观念的具体化表现。清代服装上的图腾符号也是一种古老的信仰、一种精神力量。

比如龙凤呈祥，龙被尊称为神圣吉祥之物，是中华民族从古至今图腾的象征。其造型融多种吉祥动物的特征于一体：鹿角、牛头、蟒身、鱼鳞、鹰爪，口角旁有须髯，颌下有珠，它能巨能细，能幽能显，能兴云作雨，降妖伏魔。龙是英勇、尊贵、权威的代表，凤是真、善、美的化身，两者结合则是太平盛世、高贵吉祥的表现。在民间把结婚之喜比作"龙凤呈祥"，也是对富贵吉祥的希望和祝愿。

总之，清代服饰图案格调欢快风趣，寓意悠远深刻，造型精美圆满，已超越了单纯的图案形象，折射出民族的心理、情感、愿望，体现出中华民族传统服饰图案的个性、民族特色和文化精神。

清代红地喜相迎刺绣女服

阅读链接

清代服饰图案可谓我国古代服饰文化的一大亮点，既具有中华民族传统精神，又显示出民族特色。与之交相辉映、相得益彰的清代佩饰，无疑给清代服饰图案增添了诸多色彩。

清代的佩饰种类及样式都很多，形状小巧，材质多样，有翠玉、青金石、檀香木、金铂、珊瑚、玻璃等不同材料。另外，还有各种各样的刺绣小品，比如香囊、香袋、扇套、火镰袋、斋戒牌等。这些都是清代佩挂在腰间的佩饰，无论男女都作为随身携带的赏玩之物，晚清尤为盛。

清代后妃饰物与妆容

清代努尔哈赤时期没有后妃制度,当时称之为"福晋"或"格格"。皇太极始定后妃之制。清代后妃作为一个特殊的群体,她们的发式、饰物、妆容,具有显著的民族特征和独特的风韵。

满族妇女头上又宽又长、似扇非扇、似冠非冠的头饰十分引人注目,这种头饰的名字叫扁方,俗称"发式",包括"水葫芦""大拉翅"等名称。

扁方是满族妇女梳两把头时的主要首饰。横插于发髻之上的类似发冠一样的扁方长32厘米至33.5厘米,宽4厘米左右,厚0.2厘米至0.3厘

金錾花嵌珠宝扁方

■ 清代掐丝珐琅头饰

米。呈尺形，一端半圆，另一端似卷轴。其作用类似古代男子束发时用的长簪，也许扁方就是由此而演变过来的。

扁方质地多为白玉、青玉，少数为金、银制品。王室贵族妇女用扁方从质地到样式制作都堪称精美绝伦，在扁方仅一尺长的窄面上，透雕出的花草虫鸟、瓜果文字、亭台楼阁等图案惟妙惟肖，栩栩如生。

王妃贵妇们戴着扁方故意把两端的花纹露出，以引人注意。在扁方上缀挂的丝线缨穗，据说是与脚上穿的花盆底鞋遥相呼应，使之行动有节，增添女人端庄秀美的仪态。每逢喜庆吉日或接待贵客等满族妇女便要戴上扁方了。戴上这种宽长的扁方，限制了脖颈扭动，使之身体挺直，再加上长长的旗袍和高底旗鞋，使她们走起路来显得分外稳重、文雅。

水葫芦发式俗称"水鬓"，即挑下两鬓微弱之发，用刨花水傍耳根梳理成钩形，丰腴面颊，相衬如桃花带雨，格外美观。

刨花水古称粘头树，粘头树即榆树。榆木刨成刨

旗鞋 指的是清代花盆底鞋。满族妇女的鞋称为"旗鞋"，极富特色。由于满族妇女从小骑马，从不裹脚，她们习惯穿这种鞋，尤其是贵族妇女，普遍穿这种鞋，所以称为"旗鞋"。旗鞋以木为底，史称"高底鞋"，或称"花盆底"鞋、"马蹄底"鞋。

清代点翠银发押

花,用热水浸泡,便会渗出黏稠的液体来,后将此液灌入刨花缸,用小毛刷蘸取搽在头发上,光可鉴人,又便于梳理定型,且能散发出淡淡芬芳,还具有润发乌发之功效。它是一种名副其实的天然绿色美发用品。

清代后妃们就用蘸了刨花水的笸子抿头发。笸子是妇女梳头时抹油等用的小刷子。据说慈禧太后就派人将榅子、核桃仁、侧柏叶一同捣烂了,泡在雪水里和刨花水兑着用。因为她是油性发质,经常掉发,当时的御医还专门给配了抿头的方子,用了薄荷、香白芷、藿香叶、当归等中药。结果70多岁时,慈禧的头发还像黑色的天鹅绒。

大拉翅又称大京样、大翻车、达拉翅。它以头顶发髻为"头座",在上面加戴青色素缎或纱绒架制成的发饰,脑后也留"燕尾儿"。这种发式清末流行于北京,而且越加越高,发展成类似后来"发式板"的式样,并在正面饰以花朵,侧面悬挂流苏,东北一些地区叫它"京样"或"宫装"。

大拉翅头饰是形似一个扇面的硬壳,约尺把高。里面是用铁丝按头围大小做一圆箍,再用布袼褙做胎,外面包上青缎子或青绒布,做成一个固定的装饰性的大两把头,再插一些用青素缎、青绒、青直径纱或绢制的花朵。需要时,戴在头上即可,无须梳掠,不用时取下搁置一边。既起到美饰头发的作用,又摘戴方便自如,可谓两全其美。

因大拉翅以粗铁丝做架,承重性较强,上面设有插簪、钗、流苏、疙瘩针、耳挖勺、头花等固定装置,满足了同时戴众多首饰的需要。直到清末,大拉翅仍为满族妇女的主要发饰,无论官宦命妇还是民间女子都纷纷效仿。

上述头式除贵族妇女外,很少有人在日常这样打扮。原因是既费时间又费劲儿,而且必须由别人帮助完成。梳好后不能随意俯仰枕靠,无论站或坐都要直着脖子,虽然漂亮,但是并不舒服。民间除在婚礼等隆重场合或年轻姑娘媳妇儿过年时梳外,很少能见到。

簪子是满族妇女梳各种发髻必不可少的首饰。通常满族妇女喜欢在发髻上插饰金、银、珠玉、玛瑙、珊瑚等名贵材料制成的大挖耳子簪、小挖耳子簪、珠花簪、压鬓簪、凤头簪、龙头簪等。

簪子种类虽然繁多,但在选择时还要根据每个人的条件和身份来定。比如入关前,努尔哈赤的福晋和

> **袼褙** 是以旧布片粘贴而成的布壳子,是过去农村妇女做鞋的必备材料。打袼褙时,在平光的木板上,用糨糊一层层粘贴旧布片,贴好后将其放到室外晾晒,待干后从板面上揭下来就成了袼褙。有了袼褙、布料和鞋样就可以开始做鞋了。

■ 清代宫女蜡像

东珠 满语为"塔娜"。清代产于东北地区的珍珠称为东珠或北珠，用于区别产自南方的南珠。它产于黑龙江、乌苏里江、鸭绿江及其流域。东珠镶嵌在表示权力和尊荣的冠服饰物上，以镶嵌多少东珠，表示身份并显现皇家的权威。

诸贝勒的福晋、格格们，使用制作发饰的最好材料首选东珠。两百年后渐渐被南珠，即合浦珠所取代。

与珍珠相提并论的还有金、玉等上乘材料，另外镀金、银或铜制，也有宝石翡翠、珊瑚象牙等，做成各种簪环首饰，装饰在发髻之上，这若是同进关以后相比，就显得简单得多了。

清入关以后，由于受到汉族妇女头饰的影响，满族妇女，特别是宫廷贵妇的簪环首饰，就越发讲究。如1751年乾隆皇帝为其母办六十大寿时，在恭进的寿礼中，仅各种簪子的名称就让人瞠目结舌，如事事如意簪、梅英采胜簪、景福长绵簪等。这些发簪无论在用料上，还是在制作上，无疑都是精益求精的上品。

从清代后妃遗留下来的簪饰来看，簪分两种类型。一是实用簪，多用于固定发髻和头型；二是装饰簪，多选择质地珍贵的材料，制成图案精美的簪头，专门用于发髻梳理后戴在明显的位置上。

■ 清代镀金点翠簪子

头簪作为首饰戴在头上，不仅起到了美饰发髻的作用，簪头制成的寓意吉语还有托物寄情、表达心声意愿的美好追求。

满族妇女除了簪子外，还普遍喜欢在发髻上插饰花朵，将硕大的花朵戴在头上历来是满族的传统风俗。

头花是簪发展而来的首饰。头花大多以珍珠、宝石为原料，

清代嵌宝石金发簪

满族妇女在梳头时,把大朵头花戴在头正中,称为头正,也有选用两朵相同颜色和造型的分插头的两端,俗称压发花,又称压鬓花。

满族妇女最偏爱的头花当属绒花,尤其是在女儿出嫁时,头上必须戴红色绒花,图火红吉利,据说汉语中的"绒花",与满语中的"荣华"近音,因此,便有戴绒花即为荣华富贵之意。

对满族妇女来说,只要条件允许,不仅婚礼喜庆日时要戴绒花,而且一年四季都愿意头戴绒花,求谐音吉祥。尤其到应时节序戴应季绒花:立春日戴春幡,清明日戴柳枝,端阳日戴艾草,中秋日戴桂花,重阳日戴茱萸,立冬日戴葫芦阳生,等等。

清宫后妃们的头花,还有大批的绒花、绢花、绫花流传于世,这些花色彩协调,晕色层次丰富,堪称"乱真"之花。

清代遗留下来的绒、绢、绫、绸等质地的头花有白、粉、桃红三晕色的牡丹花,浅黄、中黄、深黄三色的菊花,白、藕、雪青三色的月季花及粉、白相间的梅花等,历时百年之久,仍鲜艳悦人。

勒子,俗称"包头",北方人称其为"脑包",是一条中间宽两头窄的长条带子,戴在额眉之间。清代妇女戴勒子,沿袭明代旧制。

明末清初，正是勒子盛行之时，无论宫廷贵妇还是民间女子都掀起遮眉勒热，由于贫富之别，勒子的质地以及勒子上缀的饰物都有所差别。这种遮眉勒在北方比较实用，因此流行起来经久不衰。除勒子外，还有一种金约，类似勒子形制，但比勒子还要窄些。

流苏是满族妇女十分喜爱的首饰，其造型近似簪头，但在簪头的顶端垂下几排珠穗，随人行动，摇曳不停。

满族妇女所喜爱的流苏多种多样。顶端有凤头的、雀头的、花朵的、蝴蝶的、鸳鸯的、蝙蝠的，等等；下垂珠串有一层、二层、三层不等。

现在北京故宫珍宝馆展出的清代后妃首饰中，有一件"穿米珠双喜字流苏"，它是皇帝大婚时皇后戴的。顶端是一羽毛点翠的蝙蝠，蝙蝠嘴里衔着两个互套在一起的小金环，连接着一个羽毛点翠的流云如意头。如意头下平行缀着3串珍珠长穗，每串珠又平均分成三层，每层之间都用红珊瑚雕琢的双喜字间隔。串珠底层用红宝石作为坠角。整个流苏自顶端到坠角长28厘米，是流苏中较长的一种。这种长流苏一般歪插在发髻顶端，珠穗下垂，刚好与肩膀平。

清代银锄金发簪

■ 清代补花春秋帽

清代步摇大多采用了明代焊接制作的新工艺。现存实物中有一件"点翠嵌珠凤凰步摇",就是使用了金属焊接作底托,凤身用翠鸟羽毛装饰,其眼与嘴巴用红色宝石、雪白的米珠镶嵌,两面嵌红珊瑚珠。凤身呈侧翔式,尖巧的小嘴上衔着两串十多厘米长的小珍珠,坠角是一颗颗翠做成的小葫芦。整个步摇造型轻巧别致,选材精良,实为罕见。

清宫后妃以滋养皮肤为主,化淡妆。使用的化妆品,分为化妆与护肤两种。化妆用的包括香粉、胭脂、唇膏、黛石等。香水、花露油属于护肤化妆品。

清宫后妃春秋两季用苏州和杭州产的宫粉敷面,还有南京和扬州的胭脂涂腮、点唇,这两种化妆品都是用自然植物加中药和少量的铅白粉配制成的。

康乾年间,英法等国经广东粤海关向清宫恭进许多丁香油、檀香油、玫瑰油等天然香料。

爱美是人的天性。生活在清代宫廷的女人,上至皇后下至宫女,自被入选进宫的那一天起,都把命运与"美"连在一起。

康熙初年,其祖母孝庄皇太后就为清宫后妃、女子的衣着化妆立下严格的制度，宫女平时不许涂脂抹粉，打扮妖艳，后妃化妆要得体，衣着首饰有等级，面色化妆要清新、自然、得体，每张面孔都应像宝石、玉器那样，由里而外透着滋养的润泽。为了培养光洁的肌肤，只许在晚上搽粉，白天要洗掉，伺候皇后及各宫主位，不能喧宾夺主。

清宫后妃的打扮，都要受这些规矩的约束，言谈举止，矜持典雅，行动坐卧有节含蓄，仪表修饰要遵从三从四德，更要与自己的身份等级相辅相成。

皇帝是一国之君，皇帝的权力是"神"授予的，皇帝是集人、神于一体的，清宫内的一切都是以这个中体为轴心而转动，皇后、妃嫔如众星拱月一样分布在皇帝左右陪衬着。因此后妃除了要忠诚、温柔、体贴、善解人意外，还应具备雍容大度的仪表，妇容要想着春天永驻，这样带给皇帝的永远是一片春意盎然、如花似玉、笑口常开的自然美。

随着社会的发展，到了近现代，我国妇女的发型、饰物、妆容则可以随意改变，种类繁多，广大女性可以根据自己的意愿随意选择自己喜爱的化妆发式。

阅读链接

慈禧爱美成癖，一生喜欢艳丽服饰，尤其偏爱红宝石、红珊瑚、翡翠等质地的牡丹簪、蝴蝶簪。慈禧27岁便成了寡妇。按满族的风俗，妻子为丈夫要戴重孝，释服27个月。头上的簪子要戴不经雕饰的骨质的或光素白银的。慈禧下旨令造办处赶打一批银制、灰白玉、沉香木等头簪。于是，这批素首饰陆续送到慈禧面前。

慈禧每天勉强插戴，极不情愿。释服期满，这批首饰全部被打入冷宫。慈禧又戴上精湛华贵的艳丽头簪，直到老年此习不改。

中华精神家园书系

建筑古蕴
壮丽皇宫：三大故宫的建筑壮景
宫殿怀古：古风犹存的历代华宫
古都遗韵：古都的厚重历史遗韵
千古都城：三大古都的千古传奇
王府胜景：北京著名王府的景致
府衙古影：古代府衙的历史遗风
古城底蕴：十大古城的历史风貌
古镇奇葩：物宝天华的古镇奇观
古村佳境：人杰地灵的千年古村
经典民居：精华浓缩的最美民居

古建之魂
千年名刹：享誉中外的佛教寺院
天下四绝：佛教的海内四大名刹
皇家寺院：御赐美名的著名古刹
寺院奇观：独特文化底蕴的名刹
京城宝刹：北京内外八刹与三山
道观杰作：道教的十大著名宫观
古塔瑰宝：无上玄机的魅力古塔
宝塔珍品：巧夺天工的非常古塔
千古祭庙：历代帝王庙与名臣庙

古建涵蕴
天下祭坛：北京祭坛的绝妙密码
祭祀庙宇：香火旺盛的各地神庙
绵延祠庙：传奇神人的祭祀圣殿
至圣尊崇：文化浓厚的孔孟祭地
人间天宫：非凡造诣的妈祖庙宇
祠庙典范：最具人文特色的祭祠
绝代王陵：气势恢宏的帝王陵园
王陵雄风：空前绝后的地下城堡
大宅揽胜：宏大气派的大户宅第
古街韵味：古色古香的千年古街

古建风雅
皇家御苑：非凡胜景的皇家园林
非凡胜景：北京著名的皇家园林
园林精粹：苏州园林特色与名园
秀美园林：江南园林特色与名园
园林千姿：岭南园林特色与名园
雄丽之园：北方园林特色与名园
亭台情趣：迷人的典型精品古建
楼阁雅韵：神圣典雅的古建象征
三大名楼：文人雅士的汇聚之所
古建古风：中国古典建筑与标志

文化遗迹
远古人类：中国最早猿人及遗址
原始文化：新石器时代文化遗址
王朝遗韵：历代都城与王城遗址
考古遗珍：中国的十大考古发现
陵墓遗存：古代陵墓与出土文物
石窟奇观：著名石窟与不朽艺术
石刻神工：古代石刻与文化艺术
岩画古韵：古代岩画与艺术特色
家居古风：古代建材与家居艺术
古道依稀：古代商贸通道与交通

物宝天华
青铜时代：青铜文化与艺术特色
玉石之国：玉器文化与艺术特色
陶器寻古：陶器文化与艺术特色
瓷器故乡：瓷器文化与艺术特色
金银生辉：金银文化与艺术特色
珐琅精工：珐琅器与文化之特色
琉璃古风：琉璃器与文化之特色
天然大漆：漆器文化与艺术特色
天然珍宝：珍珠宝石与艺术特色
天下奇石：赏石文化与艺术特色

中华精神家园书系

古迹奇观
- 玉宇琼楼：分布全国的古建筑群
- 城楼古景：雄伟壮丽的古代城楼
- 历史开关：千年古城墙与古城门
- 长城纵览：古代浩大的防御工程
- 长城关隘：万里长城的著名关卡
- 雄关漫道：北方的著名古代关隘
- 千古要塞：南方的著名古代关隘
- 桥的国度：穿越古今的著名桥梁
- 古桥天姿：千姿百态的古桥艺术
- 水利古貌：古代水利工程与遗迹

山水灵性
- 母亲之河：黄河文明与历史渊源
- 中华巨龙：长江文明与历史渊源
- 江河之美：著名江河的文化源流
- 水韵雅趣：湖泊泉瀑与历史文化
- 东岳西岳：泰山华山与历史文化
- 五岳名山：恒山衡山嵩山的文化
- 三山美名：三山美景与历史文化
- 佛教名山：佛教名山的文化流芳
- 道教名山：道教名山的文化流芳
- 天下奇山：名山奇迹与文化内涵

自然遗产
- 天地厚礼：中国的世界自然遗产
- 地理恩赐：地质蕴含之美与价值
- 绝美景色：国家综合自然风景区
- 地质奇观：国家自然地质风景区
- 无限美景：国家自然山水风景区
- 自然名胜：国家自然名胜风景区
- 天然生态：国家综合自然保护区
- 动物乐园：国家动物自然保护区
- 植物王国：国家保护的野生植物
- 森林景观：国家森林公园大博览

西部沃土
- 古朴秦川：三秦文化特色与形态
- 龙兴之地：汉水文化特色与形态
- 塞外江南：陇右文化特色与形态
- 人类敦煌：敦煌文化特色与形态
- 巴山风情：巴渝文化特色与形态
- 天府之国：蜀文化的特色与形态
- 黔风贵韵：黔贵文化特色与形态
- 七彩云南：滇云文化特色与形态
- 八桂山水：八桂文化特色与形态
- 草原牧歌：草原文化特色与形态

东部风情
- 燕赵悲歌：燕赵文化特色与形态
- 齐鲁儒风：齐鲁文化特色与形态
- 吴越人家：吴越文化特色与形态
- 两淮之风：两淮文化特色与形态
- 八闽魅力：福建文化特色与形态
- 客家风采：客家文化特色与形态
- 岭南灵秀：岭南文化特色与形态
- 潮汕之根：潮州文化特色与形态
- 滨海风光：琼州文化特色与形态
- 宝岛台湾：台湾文化特色与形态

中部之魂
- 三晋大地：三晋文化特色与形态
- 华夏之中：中原文化特色与形态
- 陈楚风韵：陈楚文化特色与形态
- 地方显学：徽州文化特色与形态
- 形胜之区：江西文化特色与形态
- 淳朴湖湘：湖湘文化特色与形态
- 神秘湘西：湘西文化特色与形态
- 瑰丽楚地：荆楚文化特色与形态
- 秦淮画卷：秦淮文化特色与形态
- 冰雪关东：关东文化特色与形态

节庆习俗
- 普天同庆：春节习俗与文化内涵
- 张灯结彩：元宵习俗与彩灯文化
- 寄托哀思：清明祭祀与寒食习俗
- 粽情端午：端午节与赛龙舟习俗
- 浪漫佳期：七夕节俗与妇女乞巧
- 花好月圆：中秋节俗与赏月文化
- 九九踏秋：重阳节俗与登高赏菊
- 千秋佳节：传统节日与文化内涵
- 民族盛典：少数民族节日与内涵
- 百姓聚欢：庙会活动与赶集习俗

民风根源
- 血缘脉系：家族家谱与家庭文化
- 万姓之根：姓氏与名字号及称谓
- 生之由来：生庚生肖与寿诞礼俗
- 婚事礼俗：嫁娶礼俗与结婚喜庆
- 人生遵俗：人生处世与礼俗文化
- 幸福美满：福禄寿喜与五福临门
- 礼仪之邦：古代礼制与礼仪文化
- 祭祀庆典：传统祭典与祭祀礼俗
- 山水相依：依山傍水的居住文化

衣食天下
- 衣冠楚楚：服装艺术与文化内涵
- 凤冠霞帔：佩饰艺术与文化内涵
- 丝绸锦缎：古代纺织精品与布艺
- 绣美中华：刺绣文化与四大名绣
- 以食为天：饮食历史与筷子文化
- 美食中国：八大菜系与文化内涵
- 中国酒道：酒历史酒文化的特色
- 酒香千年：酿酒遗址与传统名酒
- 茶道风雅：茶历史茶文化的特色

国风美术
- 丹青史话：绘画历史演变与内涵
- 国画风采：绘画方法体系与类别
- 独特画派：著名绘画流派与特色
- 国画瑰宝：传世名画的绝色魅力
- 国风长卷：传世名画的大美风采
- 艺术之根：民间剪纸与民间年画
- 影视鼻祖：民间皮影戏与木偶戏
- 国粹书法：书法历史与艺术内涵
- 翰墨飘香：著名书法名作与艺术
- 行书天下：著名行书精品与艺术

汉语之魂
- 汉语源流：汉字汉语与文章体类
- 文学经典：文学评论与作品选读
- 古老哲学：哲学流派与经典著作
- 史册汗青：历史典籍与文化内涵
- 统御之道：政论专著与文化内涵
- 兵家韬略：兵法谋略与文化内涵
- 文苑集成：古代文献与经典专著
- 经传宝典：古代经传与文化内涵
- 曲苑音坛：曲艺说唱项目与艺术
- 曲艺奇葩：曲艺伴奏项目与艺术

博大文学
- 神话魅力：神话传说与文化内涵
- 民间相传：民间传说与文化内涵
- 英雄赞歌：四大英雄史诗与内涵
- 灿烂散文：散文历史与艺术特色
- 诗的国度：诗的历史与艺术特色
- 词苑漫步：词的历史与艺术特色
- 散曲奇葩：散曲历史与艺术特色
- 小说源流：小说历史与艺术特色
- 小说经典：著名古典小说的魅力

中华精神家园书系

歌舞共娱
- 古乐流芳：古代音乐历史与文化
- 钧天广乐：古代十大名曲与内涵
- 八音古乐：古代乐器与演奏艺术
- 鸾歌凤舞：古代大曲历史与艺术
- 妙舞长空：舞蹈历史与文化内涵
- 体育古项：体育运动与古老项目
- 民俗娱乐：民俗运动与古老项目
- 刀光剑影：器械武术种类与文化
- 快乐游艺：古老游艺与文化内涵
- 开心棋牌：棋牌文化与古老项目

戏苑杂谈
- 梨园春秋：中国戏曲历史与文化
- 古戏经典：四大古典悲剧与喜剧
- 关东曲苑：东北戏曲种类与艺术
- 京津大戏：北京与天津戏曲艺术
- 燕赵戏苑：河北戏曲种类与艺术
- 三秦戏苑：陕西戏曲种类与艺术
- 齐鲁戏台：山东戏曲种类与艺术
- 中原曲苑：河南戏曲种类与艺术
- 江淮戏话：安徽戏曲种类与艺术

梨园谱系
- 苏沪大戏：江苏上海戏曲与艺术
- 钱塘戏话：浙江戏曲种类与艺术
- 荆楚戏台：湖北戏曲种类与艺术
- 潇湘梨园：湖南戏曲种类与艺术
- 滇黔好戏：云南贵州戏曲与艺术
- 八桂梨园：广西戏曲种类与艺术
- 闽台戏苑：福建戏曲种类与艺术
- 粤琼戏话：广东戏曲种类与艺术
- 赣江好戏：江西戏曲种类与艺术

科技回眸
- 创始发明：四大发明与历史价值
- 科技首创：万物探索与发明发现
- 天文回望：天文历史与天文科技
- 万年历法：古代历法与岁时文化
- 地理探究：地学历史与地理科技
- 数学史鉴：数学历史与数学成就
- 物理源流：物理历史与物理科技
- 化学历程：化学历史与化学科技
- 农学春秋：农学历史与农业科技
- 生物寻古：生物历史与生物科技

千秋教化
- 教育之本：历代官学与民风教化
- 文武科举：科举历史与选拔制度
- 教化于民：太学文化与私塾文化
- 官学盛况：国子监与学宫的教育
- 朗朗书院：书院文化与教育特色
- 君子之学：琴棋书画与六艺课目
- 启蒙经典：家教蒙学与文化内涵
- 文房四宝：纸笔墨砚及文化内涵
- 刻印时代：古籍历史与文化内涵
- 金石之光：篆刻艺术与印章碑石

传统美德
- 君子之为：修身齐家治国平天下
- 刚健有为：自强不息与勇毅力行
- 仁爱孝悌：传统美德的集中体现
- 谦和好礼：为人处世的美好情操
- 诚信知报：质朴道德的重要表现
- 精忠报国：民族精神的巨大力量
- 克己奉公：强烈使命感和责任感
- 见利思义：崇高人格的光辉写照
- 勤俭廉政：民族的共同价值取向
- 笃实宽厚：宽厚品德的生活体现

文化标记
- 龙凤图腾：龙凤崇拜与舞龙舞狮
- 吉祥如意：吉祥物品与文化内涵
- 花中四君：梅兰竹菊与文化内涵
- 草木有情：草木美誉与文化象征
- 雕塑之韵：雕塑历史与艺术内涵
- 壁画遗韵：古代壁画与古墓丹青
- 雕刻精工：竹木骨牙角匏与工艺
- 百年老号：百年企业与文化传统
- 特色之乡：文化之乡与文化内涵

悠久历史
- 古往今来：历代更替与王朝千秋
- 天下一统：历代统一与行动韬略
- 太平盛世：历代盛世与开明之治
- 变法图强：历代变法与图强革新
- 古代外交：历代外交与文化交流
- 选贤任能：历代官制与选拔制度
- 法治天下：历代法制与公正严明
- 古代税赋：历代赋税与劳役制度
- 三农史志：历代农业与土地制度
- 古代户籍：历代区划与户籍制度

历史长河
- 兵器阵法：历代军事与兵器阵法
- 战事演义：历代战争与著名战役
- 货币历程：历代货币与钱币形式
- 金融形态：历代金融与货币流通
- 交通巡礼：历代交通与水陆运输
- 商贸纵观：历代商业与市场经济
- 印纺工业：历代纺织与印染工艺
- 古老行业：三百六十行由来发展
- 养殖史话：古代畜牧与古代渔业
- 种植细说：古代栽培与古代园艺

杰出人物
- 文韬武略：杰出帝王与励精图治
- 千古忠良：千古贤臣与爱国爱民
- 将帅传奇：将帅风云与文韬武略
- 思想宗师：先贤思想与智慧精华
- 科学鼻祖：科学精英与求索发现
- 发明巨匠：发明天工与创造英才
- 文坛泰斗：文学大家与传世经典
- 诗神巨星：天才诗人与妙笔华篇
- 画界巨擘：绘画名家与绝代精品
- 艺术大家：艺术大师与杰出之作

信仰之光
- 儒学根源：儒学历史与文化内涵
- 文化主体：天人合一的思想内涵
- 处世之道：传统儒家的修行法宝
- 上善若水：道教历史与道教文化

强健之源
- 中国功夫：中华武术历史与文化
- 南拳北腿：武术种类与文化内涵
- 少林传奇：少林功夫历史与文化